교과서 연계 연산 강화 프로젝트
속도와 정확성을 동시에 잡는 연산 훈련서



쌤과

# 쌍둥이 연산노트

초등 2단계

# 1·2

## 예습책

**1일 2쪽**
**한 달 완성**

이젠교육
EZEN EDUCATION

**이젠수학연구소 지음**

이젠수학연구소는 유아에서 초중고까지 학생들이 수학의 바른길을 찾아갈 수 있도록 수학 학습법을 연구하는 이젠교육의 수학 연구소입니다. 수학 실력은 하루아침에 완성되지 않으며, 다양한 경험을 통해 발달합니다. 그길에 친구가 되고자 노력합니다.

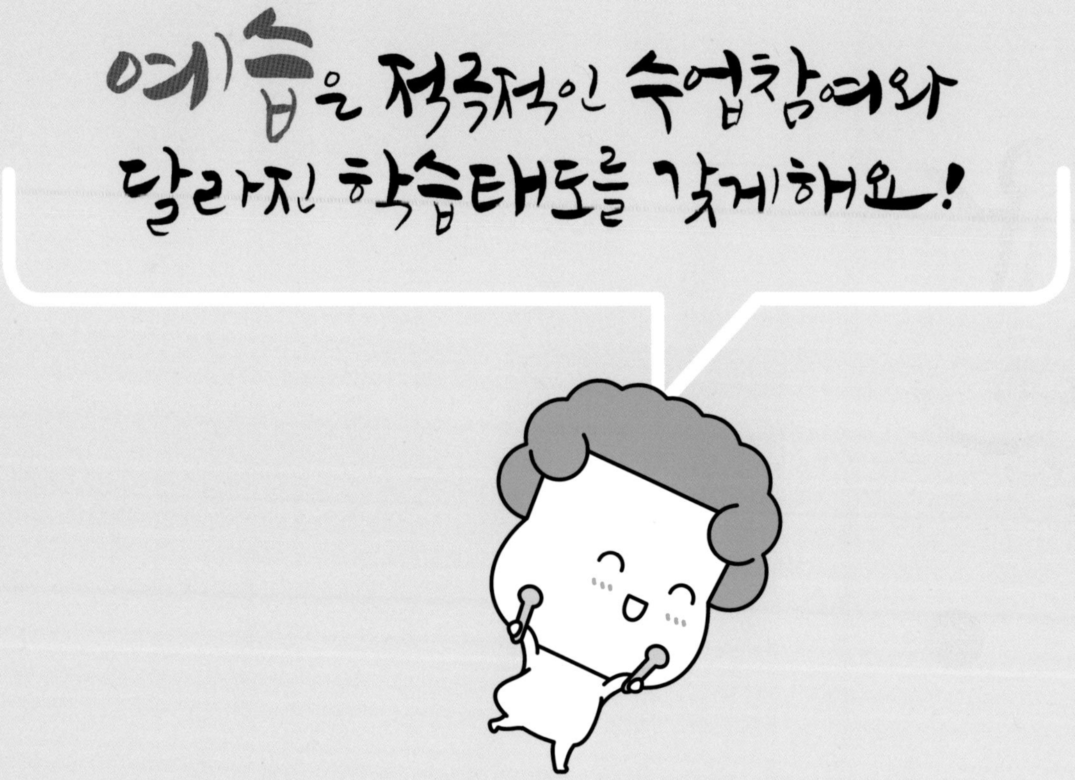


**쌤과 맘이 만든**

**쌍둥이 연산 노트 1-2 예습책 (초등 2단계)**


| | | | |
|---|---|---|---|
| 지 은 이 | 이젠수학연구소 | 개발책임 | 최철훈 |
| 펴 낸 이 | 임요병 | 편 집 | ㈜성지이디피 |
| 펴 낸 곳 | ㈜이젠미디어 | 디 자 인 | 이순주, 최수연 |
| 출판등록 | 제 2020-000073호 | 제 작 | 이성기 |
| 주 소 | 서울시 영등포구 양평로 22길 21 코오롱디지털타워 404호 | 마 케 팅 | 김남미 |
| 전 화 | (02)324-1600 | 인스타그램 | @ezeneducation |
| 팩 스 | (031)941-9611 | 블 로 그 | http://blog.naver.com/ezeneducation |

**@이젠교육**

ISBN 979-11-90880-52-7

쌤과 맘이 만든

# 쌍둥이 연산노트

초등 2단계

# 1·2

# 예습책

쌍둥이 연산 노트

# 한눈에 보기

## 1학년

**1학기**

| 단원 | 학습 내용 |
|---|---|
| 9까지의 수 | · 9까지의 수의 순서 알기<br>· 수를 세어 크기 비교하기 |
| 덧셈 | · 9까지의 수 모으기<br>· 합이 9까지인 덧셈하기 |
| 뺄셈 | · 9까지의 수 가르기<br>· 한 자리 수의 뺄셈하기 |
| 50까지의 수 | · 십몇 알고 모으기와 가르기<br>· 50까지의 수의 순서 알기<br>· 50까지의 수의 크기 비교 |

**2학기**

| 단원 | 학습 내용 |
|---|---|
| 100까지의 수 | · 100까지의 수의 순서 알기<br>· 100까지 수의 크기 비교하기 |
| 덧셈(1) | · (몇십몇)+(몇십몇)<br>· 합이 한 자리 수인 세 수의 덧셈 |
| 뺄셈(1) | · (몇십몇)−(몇십몇)<br>· 계산 결과가 한 자리 수인 세 수의 뺄셈 |
| 덧셈(2) | · 세 수의 덧셈<br>· 받아올림이 있는 (몇)+(몇) |
| 뺄셈(2) | · 세 수의 뺄셈<br>· 받아내림이 있는 (십몇)−(몇) |

## 2학년

**1학기**

| 단원 | 학습 내용 |
|---|---|
| 세 자리 수 | · 세 자리 수의 자릿값 알기<br>· 수의 크기 비교 |
| 덧셈 | · 받아올림이 있는 (두 자리 수)+(두 자리 수)<br>· 세 수의 덧셈 |
| 뺄셈 | · 받아내림이 있는 (두 자리 수)−(두 자리 수)<br>· 세 수의 뺄셈 |
| 곱셈 | · 몇 배인지 알아보기<br>· 곱셈식으로 나타내기 |

**2학기**

| 단원 | 학습 내용 |
|---|---|
| 네 자리 수 | · 네 자리 수 알기<br>· 두 수의 크기 비교 |
| 곱셈구구 | · 2~9단 곱셈구구<br>· 1의 단, 0과 어떤 수의 곱 |
| 길이 재기 | · 길이의 합<br>· 길이의 차 |
| 시각과 시간 | · 시각 읽기<br>· 시각과 분 사이의 관계<br>· 하루, 1주일, 달력 알기 |

## 3학년

**1학기**

| 단원 | 학습 내용 |
|---|---|
| 덧셈 | · 받아올림이 있는 (세 자리 수)+(세 자리 수) |
| 뺄셈 | · 받아내림이 있는 (세 자리 수)−(세 자리 수) |
| 나눗셈 | · 곱셈과 나눗셈의 관계<br>· 나눗셈의 몫 구하기 |
| 곱셈 | · 올림이 있는 (몇십몇)×(몇) |
| 길이와 시간의 덧셈과 뺄셈 | · 길이의 덧셈과 뺄셈<br>· 시간의 덧셈과 뺄셈 |
| 분수와 소수 | · 분모가 같은 분수의 크기 비교<br>· 소수의 크기 비교 |

**2학기**

| 단원 | 학습 내용 |
|---|---|
| 곱셈 | · 올림이 있는 (세 자리 수)×(한 자리 수)<br>· 올림이 있는 (몇십몇)×(몇십몇) |
| 나눗셈 | · 나머지가 있는 (몇십몇)÷(몇)<br>· 나머지가 있는 (세 자리 수)÷(한 자리 수) |
| 분수 | · 진분수, 가분수, 대분수<br>· 대분수를 가분수로 나타내기<br>· 가분수를 대분수로 나타내기<br>· 분모가 같은 분수의 크기 비교 |
| 들이와 무게 | · 들이의 덧셈과 뺄셈<br>· 무게의 덧셈과 뺄셈 |

**쌍둥이 연산 노트**는 수학 교과서의 연산과 관련된 모든 영역의 문제를
학교 수업 차시에 맞게 구성하였습니다.

## 4학년

### 1학기

| 단원 | 학습 내용 |
|---|---|
| 큰 수 | · 다섯 자리 수<br>· 천만, 천억, 천조 알기<br>· 수의 크기 비교 |
| 각도 | · 각도의 합과 차<br>· 삼각형의 세 각의 크기의 합<br>· 사각형의 네 각의 크기의 합 |
| 곱셈 | · (몇백)×(몇십)<br>· (세 자리 수)×(두 자리 수) |
| 나눗셈 | · (몇백몇십)÷(몇십)<br>· (세 자리 수)÷(두 자리 수) |

### 2학기

| 단원 | 학습 내용 |
|---|---|
| 분수의 덧셈 | · 분모가 같은 분수의 덧셈<br>· 진분수 부분의 합이 1보다 큰 대분수의 덧셈 |
| 분수의 뺄셈 | · 분모가 같은 분수의 뺄셈<br>· 받아내림이 있는 대분수의 뺄셈 |
| 소수의 덧셈 | · (소수 두 자리 수)+(소수 두 자리 수)<br>· 자릿수가 다른 소수의 덧셈 |
| 소수의 뺄셈 | · (소수 두 자리 수)−(소수 두 자리 수)<br>· 자릿수가 다른 소수의 뺄셈 |
| 다각형 | · 삼각형, 평행사변형, 마름모, 직사각형의 각도와 길이 구하기 |

## 5학년

### 1학기

| 단원 | 학습 내용 |
|---|---|
| 자연수의 혼합 계산 | · 덧셈, 뺄셈, 곱셈, 나눗셈이 섞여 있는 식 계산하기 |
| 약수와 배수 | · 약수와 배수<br>· 최대공약수와 최소공배수 |
| 약분과 통분 | · 약분과 통분<br>· 분수와 소수의 크기 비교 |
| 분수의 덧셈과 뺄셈 | · 받아올림이 있는 분수의 덧셈<br>· 받아내림이 있는 분수의 뺄셈 |
| 다각형의 둘레와 넓이 | · 정다각형의 둘레<br>· 사각형, 평행사변형, 삼각형, 마름모, 사다리꼴의 넓이 |

### 2학기

| 단원 | 학습 내용 |
|---|---|
| 어림하기 | · 올림, 버림, 반올림 |
| 분수의 곱셈 | · (분수)×(자연수)<br>· (자연수)×(분수)<br>· (분수)×(분수)<br>· 세 분수의 곱셈 |
| 소수의 곱셈 | · (소수)×(자연수)<br>· (자연수)×(소수)<br>· (소수)×(소수)<br>· 곱의 소수점의 위치 |
| 자료의 표현 | · 평균 구하기 |

## 6학년

### 1학기

| 단원 | 학습 내용 |
|---|---|
| 분수의 나눗셈 | · (자연수)÷(자연수)<br>· (분수)÷(자연수) |
| 소수의 나눗셈 | · (소수)÷(자연수)<br>· (자연수)÷(자연수) |
| 비와 비율 | · 비와 비율 구하기<br>· 비율을 백분율, 백분율을 비율로 나타내기 |
| 직육면체의 부피와 겉넓이 | · 직육면체의 부피와 겉넓이<br>· 정육면체의 부피와 겉넓이 |

### 2학기

| 단원 | 학습 내용 |
|---|---|
| 분수의 나눗셈 | · (진분수)÷(진분수)<br>· (자연수)÷(분수)<br>· (대분수)÷(대분수) |
| 소수의 나눗셈 | · (소수)÷(소수)<br>· (자연수)÷(소수)<br>· 몫을 반올림하여 나타내기 |
| 비례식과 비례배분 | · 간단한 자연수의 비로 나타내기<br>· 비례식과 비례배분 |
| 원주와 원의 넓이 | · 원주, 지름, 반지름 구하기<br>· 원의 넓이 구하기 |

쌍둥이 연산 노트

# 구성과 유의점

| 단원 | 학습 내용 | 지도 시 유의점 | 표준 시간 |
|---|---|---|---|
| 100까지의 수 | 01 99까지의 수 알기 | · 몇십몇을 10개씩 묶음과 낱개 몇 개로 표현하고 수를 읽는 활동을 통해 수의 구조를 이해하게 합니다. | 7분 |
| | 02 100까지의 수의 순서 알기 | 51부터 100까지의 수 중 하나의 수를 말하면 그 수보다 1만큼 더 큰 수와 1만큼 더 작은 수를 말하도록 합니다. | 7분 |
| | 03 100까지의 수의 크기 비교(1) | · 10개씩 묶음과 낱개로 수를 나타내어 수의 크기를 비교하는 방법을 이해하게 합니다.<br>· 두 수의 크기를 비교하여 기호로 나타내도록 합니다. | 12분 |
| | 04 100까지의 수의 크기 비교(2) | | 12분 |
| 덧셈(1) | 01 (몇십)+(몇), (몇)+(몇십)(1) | · 받아올림이 없는 (몇십)+(몇), (몇)+(몇십)의 계산 원리를 이해하게 합니다.<br>· 구체물을 사용하여 수를 나타내고 계산의 형식을 이해하게 합니다. | 13분 |
| | 02 (몇십)+(몇), (몇)+(몇십)(2) | | 13분 |
| | 03 (몇십)+(몇), (몇)+(몇십)(3) | | 15분 |
| | 04 (몇십몇)+(몇), (몇)+(몇십몇)(1) | · 받아올림이 없는 (몇십몇)+(몇), (몇)+(몇십몇)의 계산 원리를 이해하게 합니다.<br>· 구체물을 사용하여 수를 나타내고 계산의 형식을 이해하게 합니다. | 13분 |
| | 05 (몇십몇)+(몇), (몇)+(몇십몇)(2) | | 13분 |
| | 06 (몇십몇)+(몇), (몇)+(몇십몇)(3) | | 15분 |
| | 07 (몇십)+(몇십)(1) | · 받아올림이 없는 (몇십)+(몇십)의 계산 원리를 이해하게 합니다.<br>· 구체물을 사용하여 수를 나타내고 계산의 형식을 이해하게 합니다. | 13분 |
| | 08 (몇십)+(몇십)(2) | | 13분 |
| | 09 (몇십)+(몇십)(3) | | 15분 |
| | 10 (몇십몇)+(몇십몇)(1) | · 받아올림이 없는 (몇십몇)+(몇십몇)의 계산 원리를 이해하게 합니다.<br>· 구체물을 사용하여 수를 나타내고 계산의 형식을 이해하게 합니다. | 13분 |
| | 11 (몇십몇)+(몇십몇)(2) | | 13분 |
| | 12 (몇십몇)+(몇십몇)(3) | | 15분 |
| | 13 합이 한 자리 수인 세 수의 덧셈 | 여러 가지 방법으로 덧셈을 할 수 있게 합니다. | 15분 |
| 뺄셈(1) | 01 (몇십)−(몇십)(1) | · 받아내림이 없는 (몇십)−(몇십)의 계산 원리를 이해하게 합니다.<br>· 구체물을 사용하여 수를 나타내고 계산의 형식을 이해하게 합니다. | 13분 |
| | 02 (몇십)−(몇십)(2) | | 13분 |
| | 03 (몇십)−(몇십)(3) | | 15분 |
| | 04 (몇십몇)−(몇)(1) | · 받아내림이 없는 (몇십몇)−(몇)의 계산 원리를 이해하게 합니다.<br>· 구체물을 사용하여 수를 나타내고 계산의 형식을 이해하게 합니다. | 13분 |
| | 05 (몇십몇)−(몇)(2) | | 13분 |
| | 06 (몇십몇)−(몇)(3) | | 15분 |

◆ 차시별 2쪽 구성으로 차시의 중요도별로 A~C단계로 2~6쪽까지 집중적으로 학습할 수 있습니다.

◆ 차시별 예습 2쪽+복습 2쪽 구성으로 시기별로 2번 반복할 수 있습니다.

| 단원 | 학습 내용 | 지도 시 유의점 | 표준 시간 |
|---|---|---|---|
| 뺄셈(1) | 07 (몇십몇)−(몇십)(1) | · 받아내림이 없는 (몇십몇)−(몇십)의 계산 원리를 이해하게 합니다.<br>· 구체물을 사용하여 수를 나타내고 계산의 형식을 이해하게 합니다. | 13분 |
| | 08 (몇십몇)−(몇십)(2) | | 13분 |
| | 09 (몇십몇)−(몇십)(3) | | 15분 |
| | 10 (몇십몇)−(몇십몇)(1) | · 받아내림이 없는 (몇십몇)−(몇십몇)의 계산 원리를 이해하게 합니다.<br>· 구체물을 사용하여 수를 나타내고 계산의 형식을 이해하게 합니다. | 13분 |
| | 11 (몇십몇)−(몇십몇)(2) | | 13분 |
| | 12 (몇십몇)−(몇십몇)(3) | | 15분 |
| | 13 계산 결과가 한 자리 수인 세 수의 뺄셈 | 여러 가지 방법으로 뺄셈을 할 수 있게 합니다. | 13분 |
| | 14 덧셈과 뺄셈의 관계 알기 | · 덧셈식은 순서를 바꾸어 더해도 결과가 같음을 알게 합니다.<br>· 뺄셈식은 반드시 큰 수에서 작은 수를 빼야 함을 알게 합니다. | 9분 |
| 덧셈(2) | 01 세 수의 덧셈 | 한 자리 수인 세 수의 덧셈 계산 원리를 이해하게 합니다. | 13분 |
| | 02 10이 되는 더하기 | 구체물을 이용한 활동을 통해 10이 되도록 두 수를 더하게 합니다. | 13분 |
| | 03 10을 만들어 더하기 | 합이 10이 되는 두 수를 이용하여 세 수의 덧셈을 하게 합니다. | 13분 |
| | 04 받아올림이 있는 (몇)+(몇)(1) | 덧셈 상황을 인식하고 여러 가지 방법으로 (몇)+(몇)=(십몇)을 계산할 수 있게 합니다. | 13분 |
| | 05 받아올림이 있는 (몇)+(몇)(2) | | 13분 |
| | 06 받아올림이 있는 (몇)+(몇)(3) | | 15분 |
| 뺄셈(2) | 01 세 수의 뺄셈 | 한 자리 수인 세 수의 뺄셈 계산 원리를 이해하게 합니다. | 9분 |
| | 02 10에서 빼기 | 구체물을 이용한 덜어 내기 활동을 통해 10에서 빼게 합니다. | 13분 |
| | 03 받아내림이 있는 (십몇)−(몇)(1) | 뺄셈 상황을 인식하고 여러 가지 방법으로 (십몇)−(몇)=(몇)을 계산할 수 있게 합니다. | 13분 |
| | 04 받아내림이 있는 (십몇)−(몇)(2) | | 13분 |
| | 05 받아내림이 있는 (십몇)−(몇)(3) | | 15분 |

# 01 99까지의 수 알기

A

**78 알아보기**

| 10개씩 묶음 | 낱개 |
|---|---|
| 7 | 8 |

숫자 7은 70을 나타냅니다.

| 수 | 78 | |
|---|---|---|
| 읽기 | 칠십팔 | 일흔여덟 |

원리 비법 10개씩 묶음의 수를 **먼저 읽고**, 낱개의 수를 읽어!

빈 곳에 알맞은 수를 써넣으세요.

1

| 10개씩 묶음 | 낱개 |
|---|---|
| 5 | 3 |
| | |

2

| 10개씩 묶음 | 낱개 |
|---|---|
| 8 | 0 |
| | |

3

| 10개씩 묶음 | 낱개 |
|---|---|
| 5 | 9 |
| | |

4

| 10개씩 묶음 | 낱개 |
|---|---|
| 9 | 8 |
| | |

5

| 10개씩 묶음 | 낱개 |
|---|---|
| 9 | 5 |
| | |

6

| 10개씩 묶음 | 낱개 |
|---|---|
| 6 | 5 |
| | |

7

| 10개씩 묶음 | 낱개 |
|---|---|
| 8 | 8 |
| | |

8

| 10개씩 묶음 | 낱개 |
|---|---|
| 7 | 3 |
| | |

정답 92쪽

| 공부한 날짜 | 맞힌 개수 | 걸린 시간 |
|---|---|---|
| 월 일 | /18 | 분 |

두 가지 방법으로 읽어 보세요.

9

| 수 | 68 | |
|---|---|---|
| 읽기 | | |

14

| 수 | 57 | |
|---|---|---|
| 읽기 | | |

10

| 수 | 76 | |
|---|---|---|
| 읽기 | | |

15

| 수 | 62 | |
|---|---|---|
| 읽기 | | |

11

| 수 | 84 | |
|---|---|---|
| 읽기 | | |

16

| 수 | 92 | |
|---|---|---|
| 읽기 | | |

12

| 수 | 60 | |
|---|---|---|
| 읽기 | | |

17

| 수 | 79 | |
|---|---|---|
| 읽기 | | |

13

| 수 | 74 | |
|---|---|---|
| 읽기 | | |

18

| 수 | 91 | |
|---|---|---|
| 읽기 | | |

# 02 100까지의 수의 순서 알기 A

## 51부터 100까지의 수 알아보기

1씩 커집니다. →

10씩 커집니다. ↓ / 10씩 작아집니다. ↑

| | | | | | | | | | |
|---|---|---|---|---|---|---|---|---|---|
| 51 | 52 | 53 | 54 | 55 | 56 | 57 | 58 | 59 | 60 |
| 61 | 62 | 63 | 64 | 65 | 66 | 67 | 68 | 69 | 70 |
| 71 | 72 | 73 | 74 | 75 | 76 | 77 | 78 | 79 | 80 |
| 81 | 82 | 83 | 84 | 85 | 86 | 87 | 88 | 89 | 90 |
| 91 | 92 | 93 | 94 | 95 | 96 | 97 | 98 | 99 | 100 |

← 1씩 작아집니다.

### 원리 비법 51부터 100까지의 수를 **순서대로** 써!

순서에 맞게 빈 곳에 알맞은 수를 써넣으세요.

1

| | | | | | | | | | |
|---|---|---|---|---|---|---|---|---|---|
| | 86 | 87 | | 89 | | 91 | 92 | | 94 |

2

| | | | | | | | | | |
|---|---|---|---|---|---|---|---|---|---|
| 65 | 66 | | 68 | 69 | 70 | | | | 74 |

3

| | | | | | | | | | |
|---|---|---|---|---|---|---|---|---|---|
| | | | 55 | | 57 | 58 | 59 | 60 | 61 |

4

| | | | | | | | | | |
|---|---|---|---|---|---|---|---|---|---|
| 63 | | 65 | | 67 | | | 70 | 71 | 72 |

5

| | | | | | | | | | |
|---|---|---|---|---|---|---|---|---|---|
| | | 77 | 78 | 79 | 80 | 81 | | | 84 |

정답 92쪽

| 공부한 날짜 | 맞힌 개수 | 걸린 시간 |
|---|---|---|
| 월 일 | /17 | 분 |

빈 곳에 알맞은 수를 써넣으세요.

❻

| | | | | |
|---|---|---|---|---|
| | 57 | | 59 | 60 |

⓬

| | | | | |
|---|---|---|---|---|
| 69 | | 71 | | 73 |

❼

| | | | | |
|---|---|---|---|---|
| 77 | 78 | | 80 | |

⓭

| | | | | |
|---|---|---|---|---|
| | | 92 | 93 | 94 |

❽

| | | | | |
|---|---|---|---|---|
| | 84 | 85 | 86 | |

⓮

| | | | | |
|---|---|---|---|---|
| | 56 | 57 | | 59 |

❾

| | | | | |
|---|---|---|---|---|
| 94 | | | 97 | 98 |

⓯

| | | | | |
|---|---|---|---|---|
| 89 | 90 | | | 93 |

❿

| | | | | |
|---|---|---|---|---|
| | 61 | | 63 | 64 |

⓰

| | | | | |
|---|---|---|---|---|
| 84 | 85 | 86 | | |

⓫

| | | | | |
|---|---|---|---|---|
| 76 | | 78 | | 80 |

⓱

| | | | | |
|---|---|---|---|---|
| | 54 | | 56 | 57 |

# 03 100까지의 수의 크기 비교 A

**62와 59의 크기 비교**

62 (>) 59 ➜ 62는 59보다 큽니다.
59는 62보다 작습니다.

10개씩 묶음의 수가 다를 때에는 10개씩 묶음의 수가 클수록 큰 수입니다.

원리 비법 10개씩 묶음의 수가 다를 때 **10개씩 묶음의 수**를 비교해!

○ 안에 >, <를 사용하여 나타내세요.

❶ 51 ○ 83

❷ 64 ○ 86

❸ 66 ○ 59

❹ 65 ○ 96

❺ 71 ○ 58

❻ 95 ○ 81

❼ 77 ○ 98

❽ 84 ○ 79

❾ 90 ○ 69

❿ 50 ○ 61

⓫ 60 ○ 56

⓬ 91 ○ 73

⓭ 62 ○ 70

⓮ 52 ○ 68

⓯ 93 ○ 82

정답 92쪽

| 공부한 날짜 | 맞힌 개수 | 걸린 시간 |
| --- | --- | --- |
| 월 일 | /39 | 분 |

더 큰 수에 ○표 하세요.

⑯ | 76 | 91 |

⑳ | 60 | 98 |

㉔ | 62 | 77 |

⑰ | 61 | 99 |

㉑ | 50 | 83 |

㉕ | 55 | 72 |

⑱ | 57 | 87 |

㉒ | 88 | 66 |

㉖ | 84 | 52 |

⑲ | 67 | 94 |

㉓ | 97 | 59 |

㉗ | 82 | 78 |

더 작은 수에 △표 하세요.

㉘ | 54 | 71 |

㉜ | 75 | 64 |

㊱ | 95 | 53 |

㉙ | 85 | 68 |

㉝ | 79 | 89 |

㊲ | 96 | 81 |

㉚ | 69 | 92 |

㉞ | 75 | 68 |

㊳ | 58 | 61 |

㉛ | 82 | 54 |

㉟ | 90 | 63 |

㊴ | 71 | 89 |

# 04 100까지의 수의 크기 비교 B

**93과 98의 크기 비교**

93 < 98 → 93은 98보다 작습니다. / 98은 93보다 큽니다.

10개씩 묶음의 수가 같을 때에는 낱개의 수가 클수록 큰 수입니다.

원리 비법 10개씩 묶음의 수가 같을 때 **낱개의 수**를 비교해!

○ 안에 >, <를 사용하여 나타내세요.

1. 69 ○ 64
2. 86 ○ 80
3. 88 ○ 81
4. 97 ○ 93
5. 83 ○ 89
6. 50 ○ 59
7. 95 ○ 92
8. 70 ○ 75
9. 91 ○ 99
10. 68 ○ 66
11. 79 ○ 73
12. 52 ○ 56
13. 94 ○ 98
14. 78 ○ 72
15. 55 ○ 57

정답 92쪽

| 공부한 날짜 | 맞힌 개수 | 걸린 시간 |
|---|---|---|
| 월 일 | /31 | 분 |

가장 큰 수에 ○표 하세요.

⑯ 55 59 50

⑰ 90 98 91

⑱ 69 61 60

⑲ 86 81 89

⑳ 74 70 77

㉑ 67 65 62

㉒ 64 65 66

㉓ 51 57 54

가장 작은 수에 △표 하세요.

㉔ 98 93 97

㉕ 66 61 69

㉖ 78 71 73

㉗ 62 63 68

㉘ 81 82 87

㉙ 50 56 51

㉚ 95 91 90

㉛ 54 53 57

# 01 (몇십)+(몇), (몇)+(몇십) A

**○ 30+5의 계산**

| | | |
|---|---|---|
| | 3 | 0 |
| + | | 5 |
| | | 5 |

0+5=5

➡

| | | |
|---|---|---|
| | 3 | 0 |
| + | | 5 |
| | 3 | 5 |

3은 그대로!

**○ 6+10의 계산**

| | | |
|---|---|---|
| | | 6 |
| + | 1 | 0 |
| | | 6 |

6+0=6

➡

| | | |
|---|---|---|
| | | 6 |
| + | 1 | 0 |
| | 1 | 6 |

1은 그대로!

➡ 일의 자리 숫자끼리 계산을 하고, 십의 자리 숫자는 그대로 내려 씁니다.

원리 비법 십의 자리 숫자는 **그대로 내려 써!**

덧셈을 하세요.

❶

| | | |
|---|---|---|
| | 8 | 0 |
| + | | 5 |
| | | |

❺

| | | |
|---|---|---|
| | 1 | 0 |
| + | | 1 |
| | | |

❾

| | | |
|---|---|---|
| | 6 | 0 |
| + | | 2 |
| | | |

❷

| | | |
|---|---|---|
| | 2 | 0 |
| + | | 8 |
| | | |

❻

| | | |
|---|---|---|
| | 7 | 0 |
| + | | 6 |
| | | |

❿

| | | |
|---|---|---|
| | 3 | 0 |
| + | | 3 |
| | | |

❸

| | | |
|---|---|---|
| | 8 | 0 |
| + | | 4 |
| | | |

❼

| | | |
|---|---|---|
| | 4 | 0 |
| + | | 9 |
| | | |

⓫

| | | |
|---|---|---|
| | 9 | 0 |
| + | | 4 |
| | | |

❹

| | | |
|---|---|---|
| | 5 | 0 |
| + | | 6 |
| | | |

❽

| | | |
|---|---|---|
| | 9 | 0 |
| + | | 9 |
| | | |

⓬

| | | |
|---|---|---|
| | 3 | 0 |
| + | | 1 |
| | | |

정답 93쪽

| 공부한 날짜 | 맞힌 개수 | 걸린 시간 |
|---|---|---|
| 월 일 | /27 | 분 |

덧셈을 하세요.

⑬ $$\begin{array}{r} 8 \\ +\ 70 \\ \hline \end{array}$$

⑭ $$\begin{array}{r} 6 \\ +\ 20 \\ \hline \end{array}$$

⑮ $$\begin{array}{r} 6 \\ +\ 60 \\ \hline \end{array}$$

⑯ $$\begin{array}{r} 4 \\ +\ 20 \\ \hline \end{array}$$

⑰ $$\begin{array}{r} 5 \\ +\ 10 \\ \hline \end{array}$$

⑱ $$\begin{array}{r} 9 \\ +\ 50 \\ \hline \end{array}$$

⑲ $$\begin{array}{r} 4 \\ +\ 40 \\ \hline \end{array}$$

⑳ $$\begin{array}{r} 2 \\ +\ 10 \\ \hline \end{array}$$

㉑ $$\begin{array}{r} 1 \\ +\ 40 \\ \hline \end{array}$$

㉒ $$\begin{array}{r} 7 \\ +\ 90 \\ \hline \end{array}$$

㉓ $$\begin{array}{r} 7 \\ +\ 60 \\ \hline \end{array}$$

㉔ $$\begin{array}{r} 7 \\ +\ 70 \\ \hline \end{array}$$

㉕ $$\begin{array}{r} 6 \\ +\ 10 \\ \hline \end{array}$$

㉖ $$\begin{array}{r} 4 \\ +\ 30 \\ \hline \end{array}$$

㉗ $$\begin{array}{r} 1 \\ +\ 20 \\ \hline \end{array}$$

# 02 (몇십)+(몇), (몇)+(몇십) B

○ 80+7의 계산

$$\begin{array}{r} 80 \\ +\ \ 7 \\ \hline 7 \end{array} \Rightarrow \begin{array}{r} 80 \\ +\ \ 7 \\ \hline 87 \end{array}$$

○ 2+90의 계산

$$\begin{array}{r} 2 \\ +\ 90 \\ \hline 2 \end{array} \Rightarrow \begin{array}{r} 2 \\ +\ 90 \\ \hline 92 \end{array}$$

➡ 일의 자리 숫자끼리 계산을 하고, 십의 자리 숫자는 그대로 내려 씁니다.

원리 비법 **같은 자리의 숫자끼리** 더해야 해!

덧셈을 하세요.

❶ $\begin{array}{r} 30 \\ +\ \ 6 \\ \hline \end{array}$

❺ $\begin{array}{r} 10 \\ +\ \ 4 \\ \hline \end{array}$

❾ $\begin{array}{r} 50 \\ +\ \ 1 \\ \hline \end{array}$

❷ $\begin{array}{r} 20 \\ +\ \ 5 \\ \hline \end{array}$

❻ $\begin{array}{r} 90 \\ +\ \ 3 \\ \hline \end{array}$

❿ $\begin{array}{r} 90 \\ +\ \ 6 \\ \hline \end{array}$

❸ $\begin{array}{r} 70 \\ +\ \ 1 \\ \hline \end{array}$

❼ $\begin{array}{r} 60 \\ +\ \ 1 \\ \hline \end{array}$

⓫ $\begin{array}{r} 40 \\ +\ \ 9 \\ \hline \end{array}$

❹ $\begin{array}{r} 80 \\ +\ \ 9 \\ \hline \end{array}$

❽ $\begin{array}{r} 60 \\ +\ \ 4 \\ \hline \end{array}$

⓬ $\begin{array}{r} 10 \\ +\ \ 9 \\ \hline \end{array}$

정답 93쪽

| 공부한 날짜 | 맞힌 개수 | 걸린 시간 |
| --- | --- | --- |
| 월 일 | /27 | 분 |

덧셈을 하세요.

⑬
$$\begin{array}{r} 3 \\ +\ 30 \\ \hline \end{array}$$

⑭
$$\begin{array}{r} 7 \\ +\ 40 \\ \hline \end{array}$$

⑮
$$\begin{array}{r} 1 \\ +\ 80 \\ \hline \end{array}$$

⑯
$$\begin{array}{r} 5 \\ +\ 50 \\ \hline \end{array}$$

⑰
$$\begin{array}{r} 9 \\ +\ 20 \\ \hline \end{array}$$

⑱
$$\begin{array}{r} 5 \\ +\ 60 \\ \hline \end{array}$$

⑲
$$\begin{array}{r} 1 \\ +\ 30 \\ \hline \end{array}$$

⑳
$$\begin{array}{r} 4 \\ +\ 70 \\ \hline \end{array}$$

㉑
$$\begin{array}{r} 1 \\ +\ 10 \\ \hline \end{array}$$

㉒
$$\begin{array}{r} 5 \\ +\ 80 \\ \hline \end{array}$$

㉓
$$\begin{array}{r} 7 \\ +\ 90 \\ \hline \end{array}$$

㉔
$$\begin{array}{r} 8 \\ +\ 10 \\ \hline \end{array}$$

㉕
$$\begin{array}{r} 1 \\ +\ 90 \\ \hline \end{array}$$

㉖
$$\begin{array}{r} 5 \\ +\ 90 \\ \hline \end{array}$$

㉗
$$\begin{array}{r} 8 \\ +\ 60 \\ \hline \end{array}$$

# 03 (몇십)+(몇), (몇)+(몇십) C

○ 30+5의 계산

0+5=5

30+5=35

3은 그대로!

○ 4+20의 계산

4+0=4

4+20=24

2는 그대로!

원리 비법 **10개씩 묶음의 수**와 **낱개의 수**를 모으는 것과 같아!

덧셈을 하세요.

❶ 10+2=☐

❻ 30+2=☐

⓫ 20+4=☐

❷ 90+6=☐

❼ 50+1=☐

⓬ 60+7=☐

❸ 40+1=☐

❽ 20+7=☐

⓭ 70+2=☐

❹ 70+4=☐

❾ 40+3=☐

⓮ 80+8=☐

❺ 10+7=☐

❿ 80+5=☐

⓯ 10+9=☐

정답 93쪽

| 공부한 날짜 | 맞힌 개수 | 걸린 시간 |
| --- | --- | --- |
| 월 일 | /33 | 분 |

덧셈을 하세요.

⑯ $3+20=\square$

⑰ $7+90=\square$

⑱ $5+10=\square$

⑲ $1+20=\square$

⑳ $4+50=\square$

㉑ $9+30=\square$

㉒ $6+60=\square$

㉓ $8+30=\square$

㉔ $9+80=\square$

㉕ $7+40=\square$

㉖ $3+80=\square$

㉗ $8+70=\square$

㉘ $2+50=\square$

㉙ $7+90=\square$

㉚ $3+10=\square$

㉛ $6+10=\square$

㉜ $6+50=\square$

㉝ $2+20=\square$

# 04 (몇십몇)+(몇), (몇)+(몇십몇) A

**○ 25+3의 계산**

| | | |
|---|---|---|
| | 2 | 5 |
| + | | 3 |
| | | 8 |

→

| | | |
|---|---|---|
| | 2 | 5 |
| + | | 3 |
| | 2 | 8 |

5+3=8 / 2는 그대로!

**○ 4+42의 계산**

| | | |
|---|---|---|
| | | 4 |
| + | 4 | 2 |
| | | 6 |

→

| | | |
|---|---|---|
| | | 4 |
| + | 4 | 2 |
| | 4 | 6 |

4+2=6 / 4는 그대로!

→ 일의 자리 숫자끼리 계산을 하고, 십의 자리 숫자는 그대로 내려 씁니다.

원리 비법 십의 자리 숫자는 **그대로 내려 써!**

덧셈을 하세요.

❶ 65 + 2 =

❷ 21 + 4 =

❸ 75 + 2 =

❹ 56 + 1 =

❺ 11 + 4 =

❻ 93 + 2 =

❼ 48 + 1 =

❽ 61 + 6 =

❾ 81 + 6 =

❿ 32 + 7 =

⓫ 73 + 3 =

⓬ 91 + 4 =

정답 93쪽

| 공부한 날짜 | 맞힌 개수 | 걸린 시간 |
|---|---|---|
| 월 일 | /27 | 분 |

덧셈을 하세요.

⑬

| | | |
|---|---|---|
| | | 4 |
| + | 5 | 3 |
| | | |

⑭

| | | |
|---|---|---|
| | | 3 |
| + | 8 | 6 |
| | | |

⑮

| | | |
|---|---|---|
| | | 1 |
| + | 9 | 6 |
| | | |

⑯

| | | |
|---|---|---|
| | | 3 |
| + | 4 | 5 |
| | | |

⑰

| | | |
|---|---|---|
| | | 8 |
| + | 2 | 1 |
| | | |

⑱

| | | |
|---|---|---|
| | | 2 |
| + | 5 | 5 |
| | | |

⑲

| | | |
|---|---|---|
| | | 1 |
| + | 1 | 3 |
| | | |

⑳

| | | |
|---|---|---|
| | | 2 |
| + | 1 | 2 |
| | | |

㉑

| | | |
|---|---|---|
| | | 2 |
| + | 4 | 7 |
| | | |

㉒

| | | |
|---|---|---|
| | | 1 |
| + | 3 | 5 |
| | | |

㉓

| | | |
|---|---|---|
| | | 3 |
| + | 3 | 3 |
| | | |

㉔

| | | |
|---|---|---|
| | | 2 |
| + | 7 | 7 |
| | | |

㉕

| | | |
|---|---|---|
| | | 3 |
| + | 6 | 3 |
| | | |

㉖

| | | |
|---|---|---|
| | | 6 |
| + | 3 | 1 |
| | | |

㉗

| | | |
|---|---|---|
| | | 2 |
| + | 2 | 3 |
| | | |

# 05 (몇십몇)+(몇), (몇)+(몇십몇) B

○ 23+5의 계산

$$\begin{array}{r} 23 \\ +\ \ 5 \\ \hline 8 \end{array} \rightarrow \begin{array}{r} 23 \\ +\ \ 5 \\ \hline 28 \end{array}$$

○ 3+16의 계산

$$\begin{array}{r} 3 \\ +\ 16 \\ \hline 9 \end{array} \rightarrow \begin{array}{r} 3 \\ +\ 16 \\ \hline 19 \end{array}$$

➡ 일의 자리 숫자끼리 계산을 하고, 십의 자리 숫자는 그대로 내려 씁니다.

원리 비법 세로셈에서 **빈 자리**는 계산하지 않아!

덧셈을 하세요.

❶ $\begin{array}{r} 61 \\ +\ \ 7 \\ \hline \end{array}$

❷ $\begin{array}{r} 31 \\ +\ \ 4 \\ \hline \end{array}$

❸ $\begin{array}{r} 24 \\ +\ \ 3 \\ \hline \end{array}$

❹ $\begin{array}{r} 51 \\ +\ \ 4 \\ \hline \end{array}$

❺ $\begin{array}{r} 15 \\ +\ \ 1 \\ \hline \end{array}$

❻ $\begin{array}{r} 73 \\ +\ \ 6 \\ \hline \end{array}$

❼ $\begin{array}{r} 91 \\ +\ \ 3 \\ \hline \end{array}$

❽ $\begin{array}{r} 43 \\ +\ \ 2 \\ \hline \end{array}$

❾ $\begin{array}{r} 53 \\ +\ \ 2 \\ \hline \end{array}$

❿ $\begin{array}{r} 43 \\ +\ \ 4 \\ \hline \end{array}$

⓫ $\begin{array}{r} 81 \\ +\ \ 7 \\ \hline \end{array}$

⓬ $\begin{array}{r} 36 \\ +\ \ 3 \\ \hline \end{array}$

정답 94쪽

| 공부한 날짜 | 맞힌 개수 | 걸린 시간 |
| --- | --- | --- |
| 월 일 | /27 | 분 |

덧셈을 하세요.

⑬ $\begin{array}{r} 2 \\ +\ 26 \\ \hline \end{array}$

⑭ $\begin{array}{r} 6 \\ +\ 32 \\ \hline \end{array}$

⑮ $\begin{array}{r} 7 \\ +\ 91 \\ \hline \end{array}$

⑯ $\begin{array}{r} 4 \\ +\ 23 \\ \hline \end{array}$

⑰ $\begin{array}{r} 5 \\ +\ 41 \\ \hline \end{array}$

⑱ $\begin{array}{r} 3 \\ +\ 11 \\ \hline \end{array}$

⑲ $\begin{array}{r} 1 \\ +\ 18 \\ \hline \end{array}$

⑳ $\begin{array}{r} 1 \\ +\ 46 \\ \hline \end{array}$

㉑ $\begin{array}{r} 6 \\ +\ 82 \\ \hline \end{array}$

㉒ $\begin{array}{r} 4 \\ +\ 24 \\ \hline \end{array}$

㉓ $\begin{array}{r} 7 \\ +\ 52 \\ \hline \end{array}$

㉔ $\begin{array}{r} 5 \\ +\ 62 \\ \hline \end{array}$

㉕ $\begin{array}{r} 2 \\ +\ 74 \\ \hline \end{array}$

㉖ $\begin{array}{r} 4 \\ +\ 34 \\ \hline \end{array}$

㉗ $\begin{array}{r} 4 \\ +\ 15 \\ \hline \end{array}$

# 06 (몇십몇)+(몇), (몇)+(몇십몇) C

**○73+2의 계산**

3+2=5

73+2=75

7은 그대로!

**○5+43의 계산**

5+3=8

5+43=48

4는 그대로!

원리 비법 (몇십몇) + (몇), (몇) + (몇십몇)의 계산은 **일의 자리만 계산해**!

덧셈을 하세요.

❶ 13+5=☐

❷ 41+2=☐

❸ 71+4=☐

❹ 21+6=☐

❺ 67+2=☐

❻ 31+5=☐

❼ 34+1=☐

❽ 93+4=☐

❾ 83+3=☐

❿ 64+5=☐

⓫ 62+3=☐

⓬ 73+5=☐

⓭ 44+2=☐

⓮ 14+5=☐

⓯ 53+6=☐

정답 94쪽

| 공부한 날짜 | 맞힌 개수 | 걸린 시간 |
|---|---|---|
| 월 일 | /33 | 분 |

덧셈을 하세요.

⑯ $6 + 11 = \square$

⑰ $1 + 43 = \square$

⑱ $3 + 26 = \square$

⑲ $1 + 53 = \square$

⑳ $5 + 34 = \square$

㉑ $7 + 21 = \square$

㉒ $1 + 63 = \square$

㉓ $3 + 81 = \square$

㉔ $3 + 93 = \square$

㉕ $8 + 31 = \square$

㉖ $2 + 61 = \square$

㉗ $4 + 33 = \square$

㉘ $5 + 83 = \square$

㉙ $3 + 76 = \square$

㉚ $4 + 22 = \square$

㉛ $6 + 22 = \square$

㉜ $3 + 15 = \square$

㉝ $4 + 55 = \square$

# 07 (몇십)+(몇십) A

## 20+50의 계산

| | | | | | | |
|---|---|---|---|---|---|---|
| | 2 | 0 | ➡ | | 2 | 0 |
| + | 5 | 0 | | + | 5 | 0 |
| | | 0 | | | 7 | 0 |

0은 그대로! 2+5=7

➡ 일의 자리에 0을 쓰고, 십의 자리 숫자끼리 계산을 합니다.

원리 비법 (몇십) + (몇십)의 일의 자리 숫자는 **항상 0**이야!

덧셈을 하세요.

❶

| | | |
|---|---|---|
| | 1 | 0 |
| + | 2 | 0 |
| | | |

❷

| | | |
|---|---|---|
| | 3 | 0 |
| + | 2 | 0 |
| | | |

❸

| | | |
|---|---|---|
| | 5 | 0 |
| + | 4 | 0 |
| | | |

❹

| | | |
|---|---|---|
| | 2 | 0 |
| + | 4 | 0 |
| | | |

❺

| | | |
|---|---|---|
| | 6 | 0 |
| + | 3 | 0 |
| | | |

❻

| | | |
|---|---|---|
| | 2 | 0 |
| + | 6 | 0 |
| | | |

❼

| | | |
|---|---|---|
| | 4 | 0 |
| + | 2 | 0 |
| | | |

❽

| | | |
|---|---|---|
| | 7 | 0 |
| + | 2 | 0 |
| | | |

❾

| | | |
|---|---|---|
| | 4 | 0 |
| + | 3 | 0 |
| | | |

❿

| | | |
|---|---|---|
| | 5 | 0 |
| + | 1 | 0 |
| | | |

⓫

| | | |
|---|---|---|
| | 8 | 0 |
| + | 1 | 0 |
| | | |

⓬

| | | |
|---|---|---|
| | 1 | 0 |
| + | 8 | 0 |
| | | |

정답 94쪽

| 공부한 날짜 | 맞힌 개수 | 걸린 시간 |
| --- | --- | --- |
| 월 일 | /27 | 분 |

덧셈을 하세요.

⑬
| | | |
| --- | --- | --- |
| | 6 | 0 |
| + | 1 | 0 |
| | | |

⑱
| | | |
| --- | --- | --- |
| | 2 | 0 |
| + | 7 | 0 |
| | | |

㉓
| | | |
| --- | --- | --- |
| | 2 | 0 |
| + | 1 | 0 |
| | | |

⑭
| | | |
| --- | --- | --- |
| | 3 | 0 |
| + | 1 | 0 |
| | | |

⑲
| | | |
| --- | --- | --- |
| | 1 | 0 |
| + | 7 | 0 |
| | | |

㉔
| | | |
| --- | --- | --- |
| | 4 | 0 |
| + | 1 | 0 |
| | | |

⑮
| | | |
| --- | --- | --- |
| | 4 | 0 |
| + | 4 | 0 |
| | | |

⑳
| | | |
| --- | --- | --- |
| | 5 | 0 |
| + | 2 | 0 |
| | | |

㉕
| | | |
| --- | --- | --- |
| | 3 | 0 |
| + | 3 | 0 |
| | | |

⑯
| | | |
| --- | --- | --- |
| | 2 | 0 |
| + | 5 | 0 |
| | | |

㉑
| | | |
| --- | --- | --- |
| | 2 | 0 |
| + | 3 | 0 |
| | | |

㉖
| | | |
| --- | --- | --- |
| | 3 | 0 |
| + | 6 | 0 |
| | | |

⑰
| | | |
| --- | --- | --- |
| | 1 | 0 |
| + | 1 | 0 |
| | | |

㉒
| | | |
| --- | --- | --- |
| | 3 | 0 |
| + | 4 | 0 |
| | | |

㉗
| | | |
| --- | --- | --- |
| | 1 | 0 |
| + | 3 | 0 |
| | | |

# 08 (몇십)+(몇십) B

○60+20의 계산

$$\begin{array}{r} 60 \\ +\ 20 \\ \hline 0 \end{array} \Rightarrow \begin{array}{r} 60 \\ +\ 20 \\ \hline 80 \end{array}$$

① 일의 자리 계산: 0+0=0
② 십의 자리 계산: 6+2=8

➡ 일의 자리에 0을 쓰고, 십의 자리 숫자끼리 계산을 합니다.

원리 비법 **십의 자리끼리 계산**하고 일의 자리에는 0을 써!

덧셈을 하세요.

❶ $\begin{array}{r} 30 \\ +\ 40 \\ \hline \end{array}$

❷ $\begin{array}{r} 10 \\ +\ 50 \\ \hline \end{array}$

❸ $\begin{array}{r} 40 \\ +\ 50 \\ \hline \end{array}$

❹ $\begin{array}{r} 10 \\ +\ 10 \\ \hline \end{array}$

❺ $\begin{array}{r} 70 \\ +\ 20 \\ \hline \end{array}$

❻ $\begin{array}{r} 60 \\ +\ 20 \\ \hline \end{array}$

❼ $\begin{array}{r} 30 \\ +\ 60 \\ \hline \end{array}$

❽ $\begin{array}{r} 30 \\ +\ 10 \\ \hline \end{array}$

❾ $\begin{array}{r} 20 \\ +\ 20 \\ \hline \end{array}$

❿ $\begin{array}{r} 10 \\ +\ 30 \\ \hline \end{array}$

⓫ $\begin{array}{r} 20 \\ +\ 50 \\ \hline \end{array}$

⓬ $\begin{array}{r} 50 \\ +\ 40 \\ \hline \end{array}$

정답 94쪽

| 공부한 날짜 | 맞힌 개수 | 걸린 시간 |
| --- | --- | --- |
| 월 일 | /27 | 분 |

덧셈을 하세요.

⑬ $40 + 20$

⑱ $20 + 60$

㉓ $10 + 80$

⑭ $40 + 30$

⑲ $10 + 20$

㉔ $20 + 30$

⑮ $50 + 30$

⑳ $50 + 20$

㉕ $30 + 20$

⑯ $10 + 60$

㉑ $20 + 10$

㉖ $50 + 10$

⑰ $30 + 30$

㉒ $20 + 70$

㉗ $10 + 40$

# 09 (몇십)+(몇십) C

○ 40+50의 계산

0은 그대로!

40+50=90

4+5=9

원리 비법 (몇) + (몇)의 계산에 **0**을 뒤에 붙이면 돼!

덧셈을 하세요.

❶ 20 + 70 = □

❷ 30 + 30 = □

❸ 40 + 30 = □

❹ 40 + 40 = □

❺ 10 + 10 = □

❻ 30 + 20 = □

❼ 40 + 20 = □

❽ 10 + 30 = □

❾ 20 + 20 = □

❿ 30 + 60 = □

⓫ 20 + 40 = □

⓬ 50 + 40 = □

⓭ 80 + 10 = □

⓮ 70 + 20 = □

⓯ 10 + 60 = □

➲ 정답 95쪽

| 공부한 날짜 | 맞힌 개수 | 걸린 시간 |
| --- | --- | --- |
| 월 일 | /33 | 분 |

덧셈을 하세요.

⑯ $30 + 40 = \square$

⑰ $50 + 30 = \square$

⑱ $20 + 30 = \square$

⑲ $10 + 50 = \square$

⑳ $50 + 10 = \square$

㉑ $20 + 70 = \square$

㉒ $10 + 80 = \square$

㉓ $10 + 20 = \square$

㉔ $70 + 10 = \square$

㉕ $40 + 10 = \square$

㉖ $60 + 10 = \square$

㉗ $20 + 40 = \square$

㉘ $20 + 60 = \square$

㉙ $50 + 20 = \square$

㉚ $20 + 50 = \square$

㉛ $10 + 70 = \square$

㉜ $30 + 10 = \square$

㉝ $10 + 60 = \square$

# 10 (몇십몇)+(몇십몇) A

## ○ 32+46의 계산

| | | |
|---|---|---|
| | 3 | 2 |
| + | 4 | 6 |
| | | 8 |

2+6=8

➡

| | | |
|---|---|---|
| | 3 | 2 |
| + | 4 | 6 |
| | 7 | 8 |

3+4=7

➡ 일의 자리의 계산은 일의 자리에, 십의 자리의 계산은 십의 자리에 적습니다.

원리 비법 **같은 자리의 숫자끼리** 계산을 해!

덧셈을 하세요.

❶

| | | |
|---|---|---|
| | 3 | 1 |
| + | 2 | 7 |
| | | |

❺

| | | |
|---|---|---|
| | 1 | 5 |
| + | 8 | 2 |
| | | |

❾

| | | |
|---|---|---|
| | 8 | 3 |
| + | 1 | 4 |
| | | |

❷

| | | |
|---|---|---|
| | 6 | 3 |
| + | 3 | 2 |
| | | |

❻

| | | |
|---|---|---|
| | 8 | 1 |
| + | 1 | 7 |
| | | |

❿

| | | |
|---|---|---|
| | 6 | 2 |
| + | 2 | 6 |
| | | |

❸

| | | |
|---|---|---|
| | 2 | 1 |
| + | 4 | 5 |
| | | |

❼

| | | |
|---|---|---|
| | 4 | 7 |
| + | 1 | 1 |
| | | |

⓫

| | | |
|---|---|---|
| | 2 | 4 |
| + | 6 | 2 |
| | | |

❹

| | | |
|---|---|---|
| | 5 | 7 |
| + | 2 | 2 |
| | | |

❽

| | | |
|---|---|---|
| | 7 | 6 |
| + | 1 | 2 |
| | | |

⓬

| | | |
|---|---|---|
| | 4 | 7 |
| + | 2 | 2 |
| | | |

정답 95쪽

| 공부한 날짜 | 맞힌 개수 | 걸린 시간 |
| --- | --- | --- |
| 월 일 | /27 | 분 |

덧셈을 하세요.

⑬
$$\begin{array}{r} 32 \\ +\ 63 \\ \hline \end{array}$$

⑭
$$\begin{array}{r} 33 \\ +\ 45 \\ \hline \end{array}$$

⑮
$$\begin{array}{r} 64 \\ +\ 25 \\ \hline \end{array}$$

⑯
$$\begin{array}{r} 86 \\ +\ 12 \\ \hline \end{array}$$

⑰
$$\begin{array}{r} 28 \\ +\ 61 \\ \hline \end{array}$$

⑱
$$\begin{array}{r} 72 \\ +\ 15 \\ \hline \end{array}$$

⑲
$$\begin{array}{r} 71 \\ +\ 12 \\ \hline \end{array}$$

⑳
$$\begin{array}{r} 57 \\ +\ 42 \\ \hline \end{array}$$

㉑
$$\begin{array}{r} 51 \\ +\ 25 \\ \hline \end{array}$$

㉒
$$\begin{array}{r} 86 \\ +\ 13 \\ \hline \end{array}$$

㉓
$$\begin{array}{r} 48 \\ +\ 21 \\ \hline \end{array}$$

㉔
$$\begin{array}{r} 52 \\ +\ 21 \\ \hline \end{array}$$

㉕
$$\begin{array}{r} 11 \\ +\ 67 \\ \hline \end{array}$$

㉖
$$\begin{array}{r} 71 \\ +\ 21 \\ \hline \end{array}$$

㉗
$$\begin{array}{r} 45 \\ +\ 52 \\ \hline \end{array}$$

# 11 (몇십몇)+(몇십몇) B

**15+32의 계산**

$$\begin{array}{r} 1\ 5 \\ +\ 3\ 2 \\ \hline 7 \end{array} \Rightarrow \begin{array}{r} 1\ 5 \\ +\ 3\ 2 \\ \hline 4\ 7 \end{array}$$

① 일의 자리 계산: 5+2=7
② 십의 자리 계산: 1+3=4

➡ 일의 자리의 계산은 일의 자리에, 십의 자리의 계산은 십의 자리에 적습니다.

원리 비법 **자리를 바꾸어 쓰면** 답이 달라져!

덧셈을 하세요.

❶ $\begin{array}{r} 6\ 4 \\ +\ 1\ 1 \\ \hline \end{array}$

❷ $\begin{array}{r} 3\ 4 \\ +\ 3\ 5 \\ \hline \end{array}$

❸ $\begin{array}{r} 7\ 4 \\ +\ 2\ 4 \\ \hline \end{array}$

❹ $\begin{array}{r} 2\ 3 \\ +\ 5\ 5 \\ \hline \end{array}$

❺ $\begin{array}{r} 5\ 2 \\ +\ 1\ 7 \\ \hline \end{array}$

❻ $\begin{array}{r} 1\ 2 \\ +\ 4\ 1 \\ \hline \end{array}$

❼ $\begin{array}{r} 8\ 5 \\ +\ 1\ 1 \\ \hline \end{array}$

❽ $\begin{array}{r} 6\ 5 \\ +\ 2\ 3 \\ \hline \end{array}$

❾ $\begin{array}{r} 2\ 1 \\ +\ 6\ 7 \\ \hline \end{array}$

❿ $\begin{array}{r} 4\ 1 \\ +\ 4\ 8 \\ \hline \end{array}$

⓫ $\begin{array}{r} 3\ 2 \\ +\ 5\ 4 \\ \hline \end{array}$

⓬ $\begin{array}{r} 5\ 4 \\ +\ 4\ 2 \\ \hline \end{array}$

정답 95쪽

| 공부한 날짜 | 맞힌 개수 | 걸린 시간 |
| --- | --- | --- |
| 월 일 | /27 | 분 |

덧셈을 하세요.

⑬ $\begin{array}{r} 36 \\ +\ 42 \\ \hline \end{array}$

⑭ $\begin{array}{r} 46 \\ +\ 11 \\ \hline \end{array}$

⑮ $\begin{array}{r} 72 \\ +\ 26 \\ \hline \end{array}$

⑯ $\begin{array}{r} 37 \\ +\ 32 \\ \hline \end{array}$

⑰ $\begin{array}{r} 51 \\ +\ 14 \\ \hline \end{array}$

⑱ $\begin{array}{r} 66 \\ +\ 32 \\ \hline \end{array}$

⑲ $\begin{array}{r} 81 \\ +\ 16 \\ \hline \end{array}$

⑳ $\begin{array}{r} 58 \\ +\ 31 \\ \hline \end{array}$

㉑ $\begin{array}{r} 87 \\ +\ 11 \\ \hline \end{array}$

㉒ $\begin{array}{r} 61 \\ +\ 16 \\ \hline \end{array}$

㉓ $\begin{array}{r} 75 \\ +\ 11 \\ \hline \end{array}$

㉔ $\begin{array}{r} 13 \\ +\ 85 \\ \hline \end{array}$

㉕ $\begin{array}{r} 27 \\ +\ 21 \\ \hline \end{array}$

㉖ $\begin{array}{r} 73 \\ +\ 22 \\ \hline \end{array}$

㉗ $\begin{array}{r} 18 \\ +\ 31 \\ \hline \end{array}$

# 12 (몇십몇)＋(몇십몇) C

○ 61 ＋23의 계산

1＋3＝4

61＋23＝84

6＋2＝8

원리 비법 일의 자리와 십의 자리를 **각각** 계산해!

덧셈을 하세요.

❶ 11＋85＝□

❷ 85＋13＝□

❸ 37＋21＝□

❹ 67＋22＝□

❺ 45＋34＝□

❻ 12＋14＝□

❼ 22＋71＝□

❽ 72＋24＝□

❾ 26＋62＝□

❿ 42＋25＝□

⓫ 58＋41＝□

⓬ 42＋34＝□

⓭ 34＋12＝□

⓮ 82＋13＝□

⓯ 55＋32＝□

정답 95쪽

| 공부한 날짜 | 맞힌 개수 | 걸린 시간 |
|---|---|---|
| 월 일 | /33 | 분 |

덧셈을 하세요.

⑯ $61 + 34 = \square$

⑰ $44 + 12 = \square$

⑱ $54 + 25 = \square$

⑲ $38 + 61 = \square$

⑳ $46 + 41 = \square$

㉑ $71 + 23 = \square$

㉒ $77 + 11 = \square$

㉓ $41 + 31 = \square$

㉔ $17 + 81 = \square$

㉕ $23 + 44 = \square$

㉖ $26 + 13 = \square$

㉗ $33 + 63 = \square$

㉘ $13 + 61 = \square$

㉙ $84 + 15 = \square$

㉚ $36 + 33 = \square$

㉛ $84 + 11 = \square$

㉜ $51 + 36 = \square$

㉝ $27 + 32 = \square$

# 13 합이 한 자리 수인 세 수의 덧셈 A

○ 2+3+4의 계산

2+3+4=9
(2+3=5, 5+4=9)

$$\begin{array}{r} 2 \\ +\ 3 \\ \hline 5 \end{array} \rightarrow \begin{array}{r} 5 \\ +\ 4 \\ \hline 9 \end{array}$$

➡ 2와 3을 더한 후 4를 더합니다.

원리 비법 세 수의 덧셈은 두 수의 덧셈을 **연달아** 계산하는 거야!

계산을 하세요.

❶ 1+3+5=□
$$\begin{array}{r} 1 \\ +\ 3 \\ \hline \square \end{array} \rightarrow \begin{array}{r} \square \\ +\ 5 \\ \hline \square \end{array}$$

❹ 2+3+4=□
$$\begin{array}{r} 2 \\ +\ 3 \\ \hline \square \end{array} \rightarrow \begin{array}{r} \square \\ +\ 4 \\ \hline \square \end{array}$$

❷ 1+1+2=□
$$\begin{array}{r} 1 \\ +\ 1 \\ \hline \square \end{array} \rightarrow \begin{array}{r} \square \\ +\ 2 \\ \hline \square \end{array}$$

❺ 4+3+1=□
$$\begin{array}{r} 4 \\ +\ 3 \\ \hline \square \end{array} \rightarrow \begin{array}{r} \square \\ +\ 1 \\ \hline \square \end{array}$$

❸ 5+1+3=□
$$\begin{array}{r} 5 \\ +\ 1 \\ \hline \square \end{array} \rightarrow \begin{array}{r} \square \\ +\ 3 \\ \hline \square \end{array}$$

❻ 1+2+4=□
$$\begin{array}{r} 1 \\ +\ 2 \\ \hline \square \end{array} \rightarrow \begin{array}{r} \square \\ +\ 4 \\ \hline \square \end{array}$$

정답 96쪽

| 공부한 날짜 | 맞힌 개수 | 걸린 시간 |
|---|---|---|
| 월 일 | /24 | 분 |

계산을 하세요.

⑦ $5+3+1=\square$

⑬ $2+1+1=\square$

⑲ $1+4+4=\square$

⑧ $3+2+2=\square$

⑭ $1+2+3=\square$

⑳ $4+1+1=\square$

⑨ $2+1+2=\square$

⑮ $1+5+1=\square$

㉑ $2+4+2=\square$

⑩ $1+1+3=\square$

⑯ $1+4+2=\square$

㉒ $3+1+3=\square$

⑪ $1+6+1=\square$

⑰ $1+3+4=\square$

㉓ $2+5+2=\square$

⑫ $1+3+3=\square$

⑱ $2+1+4=\square$

㉔ $1+2+1=\square$

# 01 (몇십) − (몇십) A

## 40 − 10의 계산

| | | |
|---|---|---|
| | 4 | 0 |
| − | 1 | 0 |
| | | 0 |

0은 그대로!

→

| | | |
|---|---|---|
| | 4 | 0 |
| − | 1 | 0 |
| | 3 | 0 |

4 − 1 = 3

→ 일의 자리에 0을 쓰고, 십의 자리 숫자끼리 계산을 합니다.

원리 비법 (몇십) − (몇십)의 일의 자리 숫자는 **항상 0**이야!

뺄셈을 하세요.

❶ 80 − 70 =

❷ 90 − 50 =

❸ 30 − 10 =

❹ 60 − 30 =

❺ 40 − 20 =

❻ 90 − 30 =

❼ 70 − 30 =

❽ 80 − 10 =

❾ 70 − 40 =

❿ 20 − 10 =

⓫ 80 − 50 =

⓬ 50 − 30 =

➲ 정답 97쪽

| 공부한 날짜 | 맞힌 개수 | 걸린 시간 |
|---|---|---|
| 월 일 | /27 | 분 |

◆ 뺄셈을 하세요.

⑬ $\begin{array}{r} 70 \\ -\ 20 \\ \hline \end{array}$

⑭ $\begin{array}{r} 50 \\ -\ 20 \\ \hline \end{array}$

⑮ $\begin{array}{r} 60 \\ -\ 10 \\ \hline \end{array}$

⑯ $\begin{array}{r} 40 \\ -\ 10 \\ \hline \end{array}$

⑰ $\begin{array}{r} 80 \\ -\ 30 \\ \hline \end{array}$

⑱ $\begin{array}{r} 80 \\ -\ 40 \\ \hline \end{array}$

⑲ $\begin{array}{r} 90 \\ -\ 20 \\ \hline \end{array}$

⑳ $\begin{array}{r} 90 \\ -\ 10 \\ \hline \end{array}$

㉑ $\begin{array}{r} 70 \\ -\ 50 \\ \hline \end{array}$

㉒ $\begin{array}{r} 80 \\ -\ 60 \\ \hline \end{array}$

㉓ $\begin{array}{r} 60 \\ -\ 20 \\ \hline \end{array}$

㉔ $\begin{array}{r} 90 \\ -\ 80 \\ \hline \end{array}$

㉕ $\begin{array}{r} 50 \\ -\ 40 \\ \hline \end{array}$

㉖ $\begin{array}{r} 60 \\ -\ 40 \\ \hline \end{array}$

㉗ $\begin{array}{r} 30 \\ -\ 20 \\ \hline \end{array}$

# 02 (몇십) − (몇십) B

### ○ 90 − 50의 계산

$$\begin{array}{r} 9\ 0 \\ -\ 5\ 0 \\ \hline 0 \end{array} \Rightarrow \begin{array}{r} 9\ 0 \\ -\ 5\ 0 \\ \hline 4\ 0 \end{array}$$

① 일의 자리 계산: 0 − 0 = 0
② 십의 자리 계산: 9 − 5 = 4

➡ 일의 자리에 0을 쓰고, 십의 자리 숫자끼리 계산을 합니다.

원리 비법 **십의 자리끼리 계산**하고 일의 자리에는 0을 써!

뺄셈을 하세요.

❶ $\begin{array}{r} 8\ 0 \\ -\ 1\ 0 \\ \hline \end{array}$

❷ $\begin{array}{r} 6\ 0 \\ -\ 1\ 0 \\ \hline \end{array}$

❸ $\begin{array}{r} 3\ 0 \\ -\ 1\ 0 \\ \hline \end{array}$

❹ $\begin{array}{r} 9\ 0 \\ -\ 2\ 0 \\ \hline \end{array}$

❺ $\begin{array}{r} 2\ 0 \\ -\ 1\ 0 \\ \hline \end{array}$

❻ $\begin{array}{r} 5\ 0 \\ -\ 2\ 0 \\ \hline \end{array}$

❼ $\begin{array}{r} 8\ 0 \\ -\ 3\ 0 \\ \hline \end{array}$

❽ $\begin{array}{r} 7\ 0 \\ -\ 4\ 0 \\ \hline \end{array}$

❾ $\begin{array}{r} 7\ 0 \\ -\ 2\ 0 \\ \hline \end{array}$

❿ $\begin{array}{r} 9\ 0 \\ -\ 5\ 0 \\ \hline \end{array}$

⓫ $\begin{array}{r} 9\ 0 \\ -\ 3\ 0 \\ \hline \end{array}$

⓬ $\begin{array}{r} 4\ 0 \\ -\ 3\ 0 \\ \hline \end{array}$

정답 97쪽

| 공부한 날짜 | 맞힌 개수 | 걸린 시간 |
|---|---|---|
| 월 일 | /27 | 분 |

빨셈을 하세요.

⑬ $\begin{array}{r} 7\ 0 \\ -\ 5\ 0 \\ \hline \end{array}$

⑭ $\begin{array}{r} 6\ 0 \\ -\ 5\ 0 \\ \hline \end{array}$

⑮ $\begin{array}{r} 8\ 0 \\ -\ 5\ 0 \\ \hline \end{array}$

⑯ $\begin{array}{r} 9\ 0 \\ -\ 8\ 0 \\ \hline \end{array}$

⑰ $\begin{array}{r} 4\ 0 \\ -\ 2\ 0 \\ \hline \end{array}$

⑱ $\begin{array}{r} 3\ 0 \\ -\ 2\ 0 \\ \hline \end{array}$

⑲ $\begin{array}{r} 6\ 0 \\ -\ 4\ 0 \\ \hline \end{array}$

⑳ $\begin{array}{r} 5\ 0 \\ -\ 4\ 0 \\ \hline \end{array}$

㉑ $\begin{array}{r} 7\ 0 \\ -\ 1\ 0 \\ \hline \end{array}$

㉒ $\begin{array}{r} 9\ 0 \\ -\ 4\ 0 \\ \hline \end{array}$

㉓ $\begin{array}{r} 8\ 0 \\ -\ 7\ 0 \\ \hline \end{array}$

㉔ $\begin{array}{r} 9\ 0 \\ -\ 1\ 0 \\ \hline \end{array}$

㉕ $\begin{array}{r} 5\ 0 \\ -\ 1\ 0 \\ \hline \end{array}$

㉖ $\begin{array}{r} 8\ 0 \\ -\ 5\ 0 \\ \hline \end{array}$

㉗ $\begin{array}{r} 6\ 0 \\ -\ 2\ 0 \\ \hline \end{array}$

# 03 (몇십) − (몇십) C

**○ 40 − 20의 계산**

0은 그대로

$40 - 20 = 20$

$4 - 2 = 2$

원리 비법 (몇) - (몇)의 계산에 **0**을 뒤에 붙이면 돼!

◈ 뺄셈을 하세요.

❶ $90 - 40 =$ ☐

❷ $40 - 30 =$ ☐

❸ $90 - 20 =$ ☐

❹ $80 - 70 =$ ☐

❺ $70 - 50 =$ ☐

❻ $30 - 10 =$ ☐

❼ $50 - 40 =$ ☐

❽ $40 - 20 =$ ☐

❾ $60 - 30 =$ ☐

❿ $60 - 10 =$ ☐

⓫ $70 - 20 =$ ☐

⓬ $90 - 50 =$ ☐

⓭ $80 - 20 =$ ☐

⓮ $80 - 30 =$ ☐

⓯ $90 - 80 =$ ☐

정답 97쪽

| 공부한 날짜 | 맞힌 개수 | 걸린 시간 |
|---|---|---|
| 월 일 | /33 | 분 |

빨셈을 하세요.

⑯ 60 − 40 = □

⑰ 40 − 10 = □

⑱ 50 − 30 = □

⑲ 70 − 10 = □

⑳ 50 − 10 = □

㉑ 40 − 30 = □

㉒ 80 − 40 = □

㉓ 70 − 40 = □

㉔ 90 − 10 = □

㉕ 80 − 10 = □

㉖ 60 − 20 = □

㉗ 90 − 20 = □

㉘ 50 − 20 = □

㉙ 70 − 30 = □

㉚ 80 − 60 = □

㉛ 90 − 60 = □

㉜ 30 − 20 = □

㉝ 80 − 20 = □

# 04 (몇십몇) − (몇) A

## 57 − 5의 계산

| | | |
|---|---|---|
| | 5 | 7 |
| − | | 5 |
| | | 2 |

7 − 5 = 2

➡

| | | |
|---|---|---|
| | 5 | 7 |
| − | | 5 |
| | 5 | 2 |

5는 그대로!

➡ 일의 자리 숫자끼리 계산을 하고, 십의 자리 숫자는 그대로 내려 씁니다.

원리 비법 십의 자리는 빼는 수가 없으니까 **그대로 내려 써**!

뺄셈을 하세요.

1. 46 − 2 = ☐
2. 29 − 8 = ☐
3. 73 − 1 = ☐
4. 39 − 8 = ☐
5. 53 − 2 = ☐
6. 93 − 1 = ☐
7. 66 − 3 = ☐
8. 59 − 7 = ☐
9. 19 − 6 = ☐
10. 49 − 3 = ☐
11. 88 − 6 = ☐
12. 98 − 4 = ☐

정답 97쪽

| 공부한 날짜 | 맞힌 개수 | 걸린 시간 |
|---|---|---|
| 월 일 | /27 | 분 |

빨셈을 하세요.

⑬ $\begin{array}{rr} & 16 \\ - & 4 \\ \hline & \end{array}$

⑭ $\begin{array}{rr} & 26 \\ - & 1 \\ \hline & \end{array}$

⑮ $\begin{array}{rr} & 69 \\ - & 8 \\ \hline & \end{array}$

⑯ $\begin{array}{rr} & 57 \\ - & 3 \\ \hline & \end{array}$

⑰ $\begin{array}{rr} & 77 \\ - & 2 \\ \hline & \end{array}$

⑱ $\begin{array}{rr} & 56 \\ - & 3 \\ \hline & \end{array}$

⑲ $\begin{array}{rr} & 27 \\ - & 3 \\ \hline & \end{array}$

⑳ $\begin{array}{rr} & 47 \\ - & 4 \\ \hline & \end{array}$

㉑ $\begin{array}{rr} & 87 \\ - & 4 \\ \hline & \end{array}$

㉒ $\begin{array}{rr} & 39 \\ - & 7 \\ \hline & \end{array}$

㉓ $\begin{array}{rr} & 49 \\ - & 5 \\ \hline & \end{array}$

㉔ $\begin{array}{rr} & 38 \\ - & 1 \\ \hline & \end{array}$

㉕ $\begin{array}{rr} & 99 \\ - & 5 \\ \hline & \end{array}$

㉖ $\begin{array}{rr} & 76 \\ - & 3 \\ \hline & \end{array}$

㉗ $\begin{array}{rr} & 88 \\ - & 3 \\ \hline & \end{array}$

# 05 (몇십몇)−(몇) B

○ 48−7의 계산

$$\begin{array}{r} 4\ 8 \\ -\quad 7 \\ \hline 1 \end{array} \Rightarrow \begin{array}{r} 4\ 8 \\ -\quad 7 \\ \hline 4\ 1 \end{array}$$

① 일의 자리 계산: 8−7=1
② 십의 자리 계산: 4−0=4

➡ 일의 자리 숫자끼리 계산을 하고, 십의 자리 숫자는 그대로 내려 씁니다.

원리 비법 **같은 자리의 숫자끼리** 빼야 해!

◆ 뺄셈을 하세요.

❶ $\begin{array}{r} 2\ 9 \\ -\quad 6 \\ \hline \end{array}$

❷ $\begin{array}{r} 1\ 7 \\ -\quad 4 \\ \hline \end{array}$

❸ $\begin{array}{r} 2\ 5 \\ -\quad 2 \\ \hline \end{array}$

❹ $\begin{array}{r} 4\ 9 \\ -\quad 6 \\ \hline \end{array}$

❺ $\begin{array}{r} 7\ 8 \\ -\quad 2 \\ \hline \end{array}$

❻ $\begin{array}{r} 9\ 7 \\ -\quad 2 \\ \hline \end{array}$

❼ $\begin{array}{r} 3\ 9 \\ -\quad 3 \\ \hline \end{array}$

❽ $\begin{array}{r} 1\ 5 \\ -\quad 4 \\ \hline \end{array}$

❾ $\begin{array}{r} 6\ 7 \\ -\quad 3 \\ \hline \end{array}$

❿ $\begin{array}{r} 5\ 4 \\ -\quad 2 \\ \hline \end{array}$

⓫ $\begin{array}{r} 5\ 5 \\ -\quad 3 \\ \hline \end{array}$

⓬ $\begin{array}{r} 8\ 9 \\ -\quad 6 \\ \hline \end{array}$

정답 98쪽

| 공부한 날짜 | 맞힌 개수 | 걸린 시간 |
| --- | --- | --- |
| 월 일 | /27 | 분 |

빨셈을 하세요.

⑬
$$\begin{array}{r} 63 \\ -\ \ 2 \\ \hline \end{array}$$

⑱
$$\begin{array}{r} 37 \\ -\ \ 3 \\ \hline \end{array}$$

㉓
$$\begin{array}{r} 26 \\ -\ \ 5 \\ \hline \end{array}$$

⑭
$$\begin{array}{r} 18 \\ -\ \ 3 \\ \hline \end{array}$$

⑲
$$\begin{array}{r} 57 \\ -\ \ 6 \\ \hline \end{array}$$

㉔
$$\begin{array}{r} 16 \\ -\ \ 5 \\ \hline \end{array}$$

⑮
$$\begin{array}{r} 78 \\ -\ \ 5 \\ \hline \end{array}$$

⑳
$$\begin{array}{r} 37 \\ -\ \ 4 \\ \hline \end{array}$$

㉕
$$\begin{array}{r} 46 \\ -\ \ 3 \\ \hline \end{array}$$

⑯
$$\begin{array}{r} 86 \\ -\ \ 3 \\ \hline \end{array}$$

㉑
$$\begin{array}{r} 94 \\ -\ \ 3 \\ \hline \end{array}$$

㉖
$$\begin{array}{r} 56 \\ -\ \ 2 \\ \hline \end{array}$$

⑰
$$\begin{array}{r} 48 \\ -\ \ 3 \\ \hline \end{array}$$

㉒
$$\begin{array}{r} 28 \\ -\ \ 4 \\ \hline \end{array}$$

㉗
$$\begin{array}{r} 79 \\ -\ \ 3 \\ \hline \end{array}$$

# 06 (몇십몇) − (몇) C

○ 97 − 4의 계산

7 − 4 = 3

97 − 4 = 93

9는 그대로!

원리 비법 **일의 자리**만 계산하면 돼!

뺄셈을 하세요.

❶ 15 − 1 = ☐

❷ 65 − 2 = ☐

❸ 34 − 2 = ☐

❹ 38 − 6 = ☐

❺ 27 − 5 = ☐

❻ 23 − 2 = ☐

❼ 56 − 5 = ☐

❽ 79 − 1 = ☐

❾ 89 − 8 = ☐

❿ 34 − 1 = ☐

⓫ 28 − 7 = ☐

⓬ 48 − 7 = ☐

⓭ 18 − 2 = ☐

⓮ 53 − 1 = ☐

⓯ 95 − 2 = ☐

정답 98쪽

| 공부한 날짜 | 맞힌 개수 | 걸린 시간 |
| --- | --- | --- |
| 월 일 | /33 | 분 |

빨셈을 하세요.

⑯ $19 - 2 = \square$

⑰ $59 - 3 = \square$

⑱ $67 - 2 = \square$

⑲ $36 - 3 = \square$

⑳ $63 - 1 = \square$

㉑ $25 - 4 = \square$

㉒ $27 - 1 = \square$

㉓ $28 - 5 = \square$

㉔ $89 - 7 = \square$

㉕ $98 - 5 = \square$

㉖ $87 - 1 = \square$

㉗ $66 - 4 = \square$

㉘ $38 - 5 = \square$

㉙ $69 - 3 = \square$

㉚ $49 - 2 = \square$

㉛ $45 - 4 = \square$

㉜ $15 - 3 = \square$

㉝ $77 - 6 = \square$

# 07 (몇십몇) − (몇십) A

○ 37 − 10의 계산

| | | |
|---|---|---|
| | 3 | 7 |
| − | 1 | 0 |
| | | 7 |

7 − 0 = 7

➡

| | | |
|---|---|---|
| | 3 | 7 |
| − | 1 | 0 |
| | 2 | 7 |

3 − 1 = 2

➡ 일의 자리는 일의 자리끼리, 십의 자리는 십의 자리끼리 계산합니다.

원리 비법 '어떤 수' 빼기 0은 **'어떤 수'**야!

빼셈을 하세요.

❶ 48 − 30

❷ 85 − 40

❸ 35 − 20

❹ 76 − 50

❺ 84 − 20

❻ 64 − 10

❼ 93 − 60

❽ 52 − 40

❾ 27 − 10

❿ 67 − 50

⓫ 72 − 40

⓬ 99 − 70

정답 98쪽

| 공부한 날짜 | 맞힌 개수 | 걸린 시간 |
|---|---|---|
| 월 일 | /27 | 분 |

빨셈을 하세요.

⑬
| | | |
|---|---|---|
| | 9 | 7 |
| − | 2 | 0 |
| | | |

⑱
| | | |
|---|---|---|
| | 8 | 7 |
| − | 6 | 0 |
| | | |

㉓
| | | |
|---|---|---|
| | 3 | 6 |
| − | 2 | 0 |
| | | |

⑭
| | | |
|---|---|---|
| | 4 | 2 |
| − | 3 | 0 |
| | | |

⑲
| | | |
|---|---|---|
| | 4 | 5 |
| − | 3 | 0 |
| | | |

㉔
| | | |
|---|---|---|
| | 2 | 2 |
| − | 1 | 0 |
| | | |

⑮
| | | |
|---|---|---|
| | 6 | 8 |
| − | 3 | 0 |
| | | |

⑳
| | | |
|---|---|---|
| | 5 | 8 |
| − | 1 | 0 |
| | | |

㉕
| | | |
|---|---|---|
| | 8 | 2 |
| − | 3 | 0 |
| | | |

⑯
| | | |
|---|---|---|
| | 6 | 3 |
| − | 5 | 0 |
| | | |

㉑
| | | |
|---|---|---|
| | 3 | 2 |
| − | 2 | 0 |
| | | |

㉖
| | | |
|---|---|---|
| | 9 | 7 |
| − | 4 | 0 |
| | | |

⑰
| | | |
|---|---|---|
| | 5 | 6 |
| − | 2 | 0 |
| | | |

㉒
| | | |
|---|---|---|
| | 7 | 6 |
| − | 5 | 0 |
| | | |

㉗
| | | |
|---|---|---|
| | 7 | 4 |
| − | 5 | 0 |
| | | |

# 08 (몇십몇) − (몇십) B

○ 43 − 20의 계산

$$\begin{array}{r} 43 \\ -\ 20 \\ \hline 3 \end{array} \Rightarrow \begin{array}{r} 43 \\ -\ 20 \\ \hline 23 \end{array}$$

① 일의 자리 계산: 3 − 0 = 3
② 십의 자리 계산: 4 − 2 = 2

➡ 일의 자리는 일의 자리끼리, 십의 자리는 십의 자리끼리 계산합니다.

원리 비법 **같은 자리의 숫자끼리** 빼야 해!

뺄셈을 하세요.

❶ $\begin{array}{r} 53 \\ -\ 40 \\ \hline \end{array}$

❷ $\begin{array}{r} 33 \\ -\ 20 \\ \hline \end{array}$

❸ $\begin{array}{r} 42 \\ -\ 10 \\ \hline \end{array}$

❹ $\begin{array}{r} 76 \\ -\ 40 \\ \hline \end{array}$

❺ $\begin{array}{r} 84 \\ -\ 50 \\ \hline \end{array}$

❻ $\begin{array}{r} 92 \\ -\ 60 \\ \hline \end{array}$

❼ $\begin{array}{r} 93 \\ -\ 70 \\ \hline \end{array}$

❽ $\begin{array}{r} 63 \\ -\ 20 \\ \hline \end{array}$

❾ $\begin{array}{r} 23 \\ -\ 10 \\ \hline \end{array}$

❿ $\begin{array}{r} 81 \\ -\ 20 \\ \hline \end{array}$

⓫ $\begin{array}{r} 71 \\ -\ 40 \\ \hline \end{array}$

⓬ $\begin{array}{r} 87 \\ -\ 40 \\ \hline \end{array}$

정답 98쪽

| 공부한 날짜 | 맞힌 개수 | 걸린 시간 |
|---|---|---|
| 월 일 | /27 | 분 |

빨셈을 하세요.

⑬
$$\begin{array}{r} 45 \\ -\ 20 \\ \hline \end{array}$$

⑭
$$\begin{array}{r} 57 \\ -\ 20 \\ \hline \end{array}$$

⑮
$$\begin{array}{r} 81 \\ -\ 50 \\ \hline \end{array}$$

⑯
$$\begin{array}{r} 37 \\ -\ 20 \\ \hline \end{array}$$

⑰
$$\begin{array}{r} 67 \\ -\ 30 \\ \hline \end{array}$$

⑱
$$\begin{array}{r} 95 \\ -\ 60 \\ \hline \end{array}$$

⑲
$$\begin{array}{r} 73 \\ -\ 30 \\ \hline \end{array}$$

⑳
$$\begin{array}{r} 85 \\ -\ 60 \\ \hline \end{array}$$

㉑
$$\begin{array}{r} 91 \\ -\ 60 \\ \hline \end{array}$$

㉒
$$\begin{array}{r} 48 \\ -\ 10 \\ \hline \end{array}$$

㉓
$$\begin{array}{r} 89 \\ -\ 40 \\ \hline \end{array}$$

㉔
$$\begin{array}{r} 98 \\ -\ 30 \\ \hline \end{array}$$

㉕
$$\begin{array}{r} 28 \\ -\ 10 \\ \hline \end{array}$$

㉖
$$\begin{array}{r} 62 \\ -\ 20 \\ \hline \end{array}$$

㉗
$$\begin{array}{r} 78 \\ -\ 40 \\ \hline \end{array}$$

# 09 (몇십몇)－(몇십) C

○ 67－30의 계산

$$\overset{7-0=7}{67-30=37}$$
$$6-3=3$$

원리 비법 **자리를 바꾸어 쓰면** 답이 달라져!

◈ 뺄셈을 하세요.

❶ 39－10＝☐

❷ 64－50＝☐

❸ 66－30＝☐

❹ 33－10＝☐

❺ 56－10＝☐

❻ 71－60＝☐

❼ 41－20＝☐

❽ 91－10＝☐

❾ 89－50＝☐

❿ 69－20＝☐

⓫ 51－30＝☐

⓬ 82－10＝☐

⓭ 26－10＝☐

⓮ 91－70＝☐

⓯ 51－10＝☐

정답 99쪽

| 공부한 날짜 | 맞힌 개수 | 걸린 시간 |
| --- | --- | --- |
| 월 일 | /33 | 분 |

빨셈을 하세요.

⑯ 67 − 20 = ☐

⑰ 74 − 20 = ☐

⑱ 47 − 10 = ☐

⑲ 77 − 60 = ☐

⑳ 36 − 10 = ☐

㉑ 87 − 20 = ☐

㉒ 93 − 40 = ☐

㉓ 88 − 50 = ☐

㉔ 44 − 20 = ☐

㉕ 65 − 50 = ☐

㉖ 73 − 60 = ☐

㉗ 57 − 40 = ☐

㉘ 94 − 50 = ☐

㉙ 38 − 10 = ☐

㉚ 55 − 20 = ☐

㉛ 61 − 30 = ☐

㉜ 59 − 10 = ☐

㉝ 77 − 20 = ☐

# 10 (몇십몇) − (몇십몇) A

## 57 − 32의 계산

| | | |
|---|---|---|
| | 5 | 7 |
| − | 3 | 2 |
| | | 5 |

7 − 2 = 5

➡

| | | |
|---|---|---|
| | 5 | 7 |
| − | 3 | 2 |
| | 2 | 5 |

5 − 3 = 2

➡ 일의 자리는 일의 자리끼리, 십의 자리는 십의 자리끼리 계산합니다.

원리 비법 **같은 자리의 숫자끼리** 빼야 해!

뺄셈을 하세요.

❶
| | | |
|---|---|---|
| | 2 | 8 |
| − | 1 | 5 |
| | | |

❷
| | | |
|---|---|---|
| | 8 | 9 |
| − | 6 | 7 |
| | | |

❸
| | | |
|---|---|---|
| | 4 | 9 |
| − | 1 | 4 |
| | | |

❹
| | | |
|---|---|---|
| | 7 | 2 |
| − | 3 | 1 |
| | | |

❺
| | | |
|---|---|---|
| | 7 | 9 |
| − | 4 | 6 |
| | | |

❻
| | | |
|---|---|---|
| | 9 | 5 |
| − | 8 | 4 |
| | | |

❼
| | | |
|---|---|---|
| | 8 | 8 |
| − | 4 | 5 |
| | | |

❽
| | | |
|---|---|---|
| | 5 | 9 |
| − | 3 | 3 |
| | | |

❾
| | | |
|---|---|---|
| | 6 | 9 |
| − | 3 | 4 |
| | | |

❿
| | | |
|---|---|---|
| | 5 | 3 |
| − | 4 | 2 |
| | | |

⓫
| | | |
|---|---|---|
| | 4 | 6 |
| − | 1 | 1 |
| | | |

⓬
| | | |
|---|---|---|
| | 6 | 5 |
| − | 1 | 1 |
| | | |

정답 99쪽

| 공부한 날짜 | 맞힌 개수 | 걸린 시간 |
| --- | --- | --- |
| 월 일 | /27 | 분 |

빨셈을 하세요.

⑬
$$\begin{array}{r} 85 \\ -\ 52 \\ \hline \end{array}$$

⑭
$$\begin{array}{r} 38 \\ -\ 17 \\ \hline \end{array}$$

⑮
$$\begin{array}{r} 84 \\ -\ 23 \\ \hline \end{array}$$

⑯
$$\begin{array}{r} 46 \\ -\ 22 \\ \hline \end{array}$$

⑰
$$\begin{array}{r} 87 \\ -\ 71 \\ \hline \end{array}$$

⑱
$$\begin{array}{r} 79 \\ -\ 68 \\ \hline \end{array}$$

⑲
$$\begin{array}{r} 67 \\ -\ 25 \\ \hline \end{array}$$

⑳
$$\begin{array}{r} 23 \\ -\ 11 \\ \hline \end{array}$$

㉑
$$\begin{array}{r} 94 \\ -\ 43 \\ \hline \end{array}$$

㉒
$$\begin{array}{r} 73 \\ -\ 21 \\ \hline \end{array}$$

㉓
$$\begin{array}{r} 57 \\ -\ 12 \\ \hline \end{array}$$

㉔
$$\begin{array}{r} 66 \\ -\ 24 \\ \hline \end{array}$$

㉕
$$\begin{array}{r} 54 \\ -\ 43 \\ \hline \end{array}$$

㉖
$$\begin{array}{r} 94 \\ -\ 32 \\ \hline \end{array}$$

㉗
$$\begin{array}{r} 57 \\ -\ 45 \\ \hline \end{array}$$

# 11 (몇십몇) − (몇십몇) B

○ 73 − 21의 계산

$$\begin{array}{r} 7\ 3 \\ -\ 2\ 1 \\ \hline 2 \end{array} \Rightarrow \begin{array}{r} 7\ 3 \\ -\ 2\ 1 \\ \hline 5\ 2 \end{array}$$

① 일의 자리 계산: 3 − 1 = 2

② 십의 자리 계산: 7 − 2 = 5

➡ 일의 자리는 일의 자리끼리, 십의 자리는 십의 자리끼리 계산합니다.

원리 비법 **같은 자리의 숫자끼리** 빼야 해!

◈ 뺄셈을 하세요.

❶ $\begin{array}{r} 7\ 2 \\ -\ 4\ 1 \\ \hline \end{array}$

❷ $\begin{array}{r} 2\ 5 \\ -\ 1\ 3 \\ \hline \end{array}$

❸ $\begin{array}{r} 4\ 9 \\ -\ 3\ 6 \\ \hline \end{array}$

❹ $\begin{array}{r} 3\ 3 \\ -\ 1\ 2 \\ \hline \end{array}$

❺ $\begin{array}{r} 5\ 9 \\ -\ 1\ 8 \\ \hline \end{array}$

❻ $\begin{array}{r} 6\ 5 \\ -\ 3\ 3 \\ \hline \end{array}$

❼ $\begin{array}{r} 8\ 3 \\ -\ 2\ 1 \\ \hline \end{array}$

❽ $\begin{array}{r} 9\ 4 \\ -\ 6\ 2 \\ \hline \end{array}$

❾ $\begin{array}{r} 8\ 8 \\ -\ 5\ 6 \\ \hline \end{array}$

❿ $\begin{array}{r} 4\ 7 \\ -\ 2\ 5 \\ \hline \end{array}$

⓫ $\begin{array}{r} 5\ 6 \\ -\ 4\ 5 \\ \hline \end{array}$

⓬ $\begin{array}{r} 9\ 8 \\ -\ 1\ 6 \\ \hline \end{array}$

정답 99쪽

| 공부한 날짜 | 맞힌 개수 | 걸린 시간 |
| --- | --- | --- |
| 월 일 | /27 | 분 |

뺄셈을 하세요.

⑬ $\begin{array}{r} 52 \\ -\ 21 \\ \hline \end{array}$

⑭ $\begin{array}{r} 76 \\ -\ 25 \\ \hline \end{array}$

⑮ $\begin{array}{r} 36 \\ -\ 13 \\ \hline \end{array}$

⑯ $\begin{array}{r} 74 \\ -\ 32 \\ \hline \end{array}$

⑰ $\begin{array}{r} 45 \\ -\ 23 \\ \hline \end{array}$

⑱ $\begin{array}{r} 28 \\ -\ 13 \\ \hline \end{array}$

⑲ $\begin{array}{r} 93 \\ -\ 12 \\ \hline \end{array}$

⑳ $\begin{array}{r} 87 \\ -\ 66 \\ \hline \end{array}$

㉑ $\begin{array}{r} 97 \\ -\ 52 \\ \hline \end{array}$

㉒ $\begin{array}{r} 89 \\ -\ 34 \\ \hline \end{array}$

㉓ $\begin{array}{r} 88 \\ -\ 12 \\ \hline \end{array}$

㉔ $\begin{array}{r} 68 \\ -\ 17 \\ \hline \end{array}$

㉕ $\begin{array}{r} 48 \\ -\ 21 \\ \hline \end{array}$

㉖ $\begin{array}{r} 57 \\ -\ 23 \\ \hline \end{array}$

㉗ $\begin{array}{r} 67 \\ -\ 14 \\ \hline \end{array}$

# 12 (몇십몇)－(몇십몇) C

○ 45－23의 계산

5－3＝2

45－23＝22

4－2＝2

원리 비법 **자리가 바뀌면** 답도 달라져!

뺄셈을 하세요.

❶ $78 - 36 = \square$

❻ $92 - 21 = \square$

⓫ $87 - 12 = \square$

❷ $44 - 23 = \square$

❼ $79 - 35 = \square$

⓬ $33 - 21 = \square$

❸ $73 - 11 = \square$

❽ $29 - 17 = \square$

⓭ $55 - 12 = \square$

❹ $64 - 21 = \square$

❾ $66 - 52 = \square$

⓮ $96 - 83 = \square$

❺ $88 - 71 = \square$

❿ $58 - 47 = \square$

⓯ $43 - 11 = \square$

정답 99쪽

| 공부한 날짜 | 맞힌 개수 | 걸린 시간 |
| --- | --- | --- |
| 월 일 | /33 | 분 |

빨셈을 하세요.

⑯ 45 − 34 = ☐

⑰ 59 − 46 = ☐

⑱ 56 − 12 = ☐

⑲ 98 − 63 = ☐

⑳ 37 − 16 = ☐

㉑ 47 − 36 = ☐

㉒ 45 − 12 = ☐

㉓ 77 − 52 = ☐

㉔ 85 − 34 = ☐

㉕ 86 − 33 = ☐

㉖ 75 − 23 = ☐

㉗ 69 − 45 = ☐

㉘ 99 − 38 = ☐

㉙ 68 − 56 = ☐

㉚ 54 − 11 = ☐

㉛ 74 − 13 = ☐

㉜ 95 − 22 = ☐

㉝ 29 − 16 = ☐

# 13 계산 결과가 한 자리 수인 세 수의 뺄셈 A

## ○ 8 − 2 − 3의 계산

$8-2-3=3$ (8 − 2 = 6, 6 − 3 = 3)

$$\begin{array}{r} 8 \\ -\ 2 \\ \hline 6 \end{array} \rightarrow \begin{array}{r} 6 \\ -\ 3 \\ \hline 3 \end{array}$$

➡ 8과 2를 뺀 후 3을 뺍니다.

**원리 비법** 세 수의 뺄셈은 두 수의 뺄셈을 **연달아** 계산하는 거야!

◈ 계산을 하세요.

❶ 9 − 1 − 4 = □ (9 − 1 = □, □ − 4 = □)

$$\begin{array}{r} 9 \\ -\ 1 \\ \hline \square \end{array} \rightarrow \begin{array}{r} \square \\ -\ 4 \\ \hline \square \end{array}$$

❷ 9 − 2 − 3 = □ (9 − 2 = □, □ − 3 = □)

$$\begin{array}{r} 9 \\ -\ 2 \\ \hline \square \end{array} \rightarrow \begin{array}{r} \square \\ -\ 3 \\ \hline \square \end{array}$$

❸ 7 − 1 − 2 = □ (7 − 1 = □, □ − 2 = □)

$$\begin{array}{r} 7 \\ -\ 1 \\ \hline \square \end{array} \rightarrow \begin{array}{r} \square \\ -\ 2 \\ \hline \square \end{array}$$

❹ 6 − 2 − 1 = □ (6 − 2 = □, □ − 1 = □)

$$\begin{array}{r} 6 \\ -\ 2 \\ \hline \square \end{array} \rightarrow \begin{array}{r} \square \\ -\ 1 \\ \hline \square \end{array}$$

❺ 4 − 1 − 2 = □ (4 − 1 = □, □ − 2 = □)

$$\begin{array}{r} 4 \\ -\ 1 \\ \hline \square \end{array} \rightarrow \begin{array}{r} \square \\ -\ 2 \\ \hline \square \end{array}$$

❻ 8 − 2 − 4 = □ (8 − 2 = □, □ − 4 = □)

$$\begin{array}{r} 8 \\ -\ 2 \\ \hline \square \end{array} \rightarrow \begin{array}{r} \square \\ -\ 4 \\ \hline \square \end{array}$$

정답 100쪽

| 공부한 날짜 | 맞힌 개수 | 걸린 시간 |
| --- | --- | --- |
| 월 일 | /24 | 분 |

계산을 하세요.

7. 9 − 6 − 1 = □
13. 6 − 1 − 2 = □
19. 9 − 3 − 4 = □

8. 8 − 1 − 1 = □
14. 9 − 1 − 7 = □
20. 9 − 5 − 3 = □

9. 7 − 3 − 3 = □
15. 9 − 1 − 5 = □
21. 7 − 1 − 5 = □

10. 6 − 3 − 2 = □
16. 9 − 4 − 3 = □
22. 8 − 3 − 1 = □

11. 9 − 2 − 4 = □
17. 8 − 1 − 4 = □
23. 7 − 2 − 2 = □

12. 8 − 4 − 2 = □
18. 9 − 5 − 1 = □
24. 9 − 4 − 4 = □

# 14 덧셈과 뺄셈의 관계 알기 A

## ○ 덧셈식과 뺄셈식 만들기

• 뺄셈식 만들기

45 + 3 = 48 → 48 − 45 = 3, 48 − 3 = 45

• 덧셈식 만들기

19 − 6 = 13 → 13 + 6 = 19, 6 + 13 = 19

원리 비법 덧셈식과 뺄셈식은 각각 **2개씩** 만들 수 있어!

주어진 식을 보고 뺄셈식 또는 덧셈식을 만들어 보세요.

❶ 53 + 1 = 54 → 54 − □ = □, 54 − □ = □

❷ 72 + 4 = 76 → 76 − □ = □, 76 − □ = □

❸ 92 + 6 = 98 → 98 − □ = □, 98 − □ = □

❹ 42 + 2 = 44 → 44 − □ = □, 44 − □ = □

❺ 37 − 1 = 36 → 36 + □ = □, 1 + □ = □

❻ 84 − 1 = 83 → 83 + □ = □, 1 + □ = □

❼ 67 − 2 = 65 → 65 + □ = □, 2 + □ = □

❽ 18 − 6 = 12 → 12 + □ = □, 6 + □ = □

➲ 정답 100쪽

| 공부한 날짜 | 맞힌 개수 | 걸린 시간 |
| --- | --- | --- |
| 월 일 | /16 | 분 |

◈ 주어진 수 카드로 뺄셈식 또는 덧셈식을 만들어 보세요.

❾ 21 64 43

☐ − ☐ = ☐
☐ − ☐ = ☐

⓭ 78 43 35

☐ + ☐ = ☐
☐ + ☐ = ☐

❿ 82 51 31

☐ − ☐ = ☐
☐ − ☐ = ☐

⓮ 11 84 95

☐ + ☐ = ☐
☐ + ☐ = ☐

⓫ 43 15 58

☐ − ☐ = ☐
☐ − ☐ = ☐

⓯ 59 34 25

☐ + ☐ = ☐
☐ + ☐ = ☐

⓬ 57 31 88

☐ − ☐ = ☐
☐ − ☐ = ☐

⓰ 13 34 21

☐ + ☐ = ☐
☐ + ☐ = ☐

# 01 세 수의 덧셈

A

**21 +3 +5의 계산**

21 +3 +5 =29 (21+3=24, 24+5=29)

$$\begin{array}{r} 21 \\ +\ 3 \\ \hline 24 \end{array} \rightarrow \begin{array}{r} 24 \\ +\ 5 \\ \hline 29 \end{array}$$

➡ 21과 3을 더한 후 5를 더합니다.

원리 비법 세 수의 덧셈은 **계산 순서에 상관없이** 결과는 같아!

계산을 하세요.

❶ 62+5+2=□

$$\begin{array}{r} 62 \\ +\ 5 \\ \hline \square \end{array} \rightarrow \begin{array}{r} \square \\ +\ 2 \\ \hline \square \end{array}$$

❷ 95+3+1=□

$$\begin{array}{r} 95 \\ +\ 3 \\ \hline \square \end{array} \rightarrow \begin{array}{r} \square \\ +\ 1 \\ \hline \square \end{array}$$

❸ 43+1+4=□

$$\begin{array}{r} 43 \\ +\ 1 \\ \hline \square \end{array} \rightarrow \begin{array}{r} \square \\ +\ 4 \\ \hline \square \end{array}$$

❹ 52+2+4=□

$$\begin{array}{r} 52 \\ +\ 2 \\ \hline \square \end{array} \rightarrow \begin{array}{r} \square \\ +\ 4 \\ \hline \square \end{array}$$

❺ 73+4+1=□

$$\begin{array}{r} 73 \\ +\ 4 \\ \hline \square \end{array} \rightarrow \begin{array}{r} \square \\ +\ 1 \\ \hline \square \end{array}$$

❻ 84+2+2=□

$$\begin{array}{r} 84 \\ +\ 2 \\ \hline \square \end{array} \rightarrow \begin{array}{r} \square \\ +\ 2 \\ \hline \square \end{array}$$

정답 101쪽

| 공부한 날짜 | 맞힌 개수 | 걸린 시간 |
| --- | --- | --- |
| 월 일 | /24 | 분 |

계산을 하세요.

⑦ $73+3+3=\square$

⑬ $21+7+1=\square$

⑲ $47+1+1=\square$

⑧ $35+2+1=\square$

⑭ $67+1+1=\square$

⑳ $52+4+3=\square$

⑨ $44+2+2=\square$

⑮ $46+1+2=\square$

㉑ $82+6+1=\square$

⑩ $64+2+2=\square$

⑯ $71+1+4=\square$

㉒ $25+2+1=\square$

⑪ $94+2+2=\square$

⑰ $22+3+2=\square$

㉓ $92+4+1=\square$

⑫ $23+4+1=\square$

⑱ $32+3+4=\square$

㉔ $75+2+1=\square$

# 02 10이 되는 더하기 A

### 10이 되는 더하기

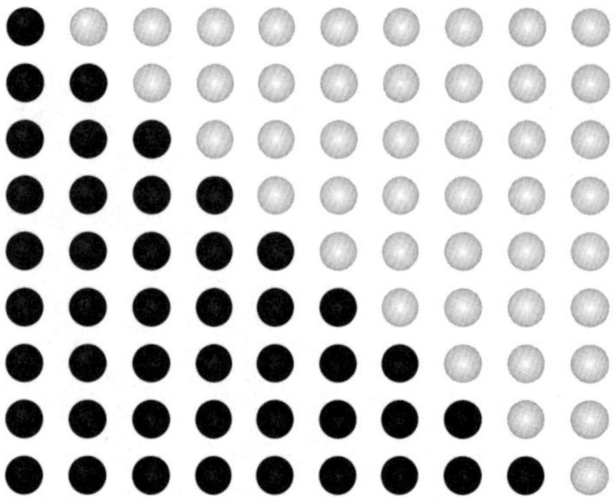

1+9=10
2+8=10
3+7=10
4+6=10
5+5=10
6+4=10
7+3=10
8+2=10
9+1=10

**원리 비법** 검은색 공의 개수와 흰색 공의 개수를 더하면 **10**이 돼!

**10**개가 되도록 ○를 그리세요.

1 

2 

3 

4 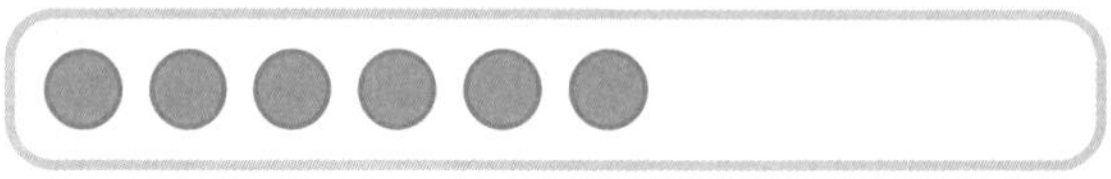

5 

6 

7 

8 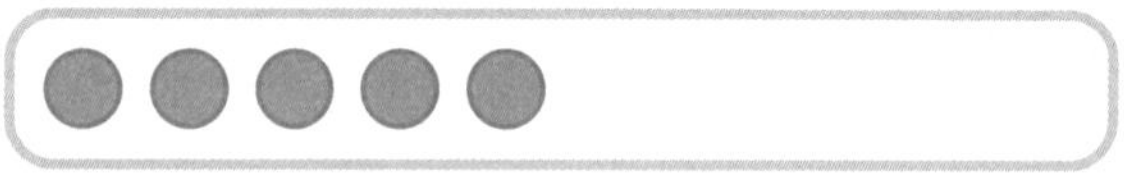

9 

10 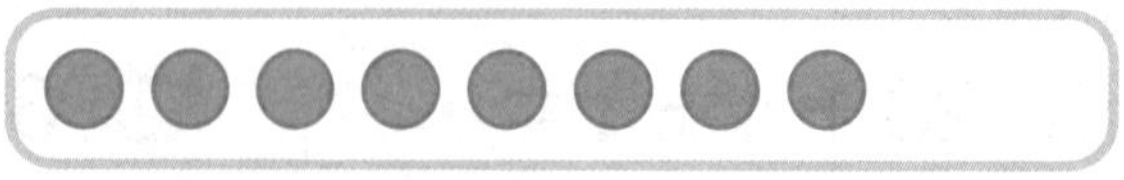

➲ 정답 101쪽

| 공부한 날짜 | 맞힌 개수 | 걸린 시간 |
| --- | --- | --- |
| 월 일 | /28 | 분 |

□ 안에 알맞은 수를 써넣으세요.

⑪ $3+\square=10$

⑫ $5+\square=10$

⑬ $2+\square=10$

⑭ $8+\square=10$

⑮ $4+\square=10$

⑯ $6+\square=10$

⑰ $\square+9=10$

⑱ $\square+7=10$

⑲ $\square+2=10$

⑳ $\square+4=10$

㉑ $\square+8=10$

㉒ $\square+5=10$

㉓ $8+2=\square$

㉔ $9+1=\square$

㉕ $3+7=\square$

㉖ $7+3=\square$

㉗ $2+8=\square$

㉘ $6+4=\square$

# 03 10을 만들어 더하기 A

**○3＋6＋4의 계산**

3＋6＋4

3＋10＝13

① 6과 4를 더하면 10이므로 6＋4를 먼저 계산합니다.
② 3을 마지막으로 더해 줍니다.

원리 비법 **합이 10이 되는 두 수**를 먼저 더해!

□ 안에 알맞은 수를 써넣으세요.

❶ 3＋1＋9

3＋□＝□

❷ 2＋7＋3

2＋□＝□

❸ 7＋9＋1

7＋□＝□

❹ 1＋4＋6

1＋□＝□

❺ 3＋4＋6

3＋□＝□

❻ 2＋4＋8

□＋4＝□

❼ 9＋7＋1

□＋7＝□

❽ 4＋2＋6

□＋2＝□

❾ 6＋7＋4

□＋7＝□

❿ 2＋5＋8

□＋5＝□

정답 101쪽

| 공부한 날짜 | 맞힌 개수 | 걸린 시간 |
| --- | --- | --- |
| 월 일 | /28 | 분 |

□ 안에 알맞은 수를 써넣으세요.

⑪ $4+9+1=\square$

⑫ $4+5+5=\square$

⑬ $6+1+9=\square$

⑭ $8+3+7=\square$

⑮ $8+6+4=\square$

⑯ $7+7+3=\square$

⑰ $2+1+9=\square$

⑱ $1+5+5=\square$

⑲ $7+3+7=\square$

⑳ $5+8+2=\square$

㉑ $1+7+3=\square$

㉒ $7+6+4=\square$

㉓ $1+3+9=\square$

㉔ $6+8+4=\square$

㉕ $8+4+2=\square$

㉖ $7+1+3=\square$

㉗ $3+9+7=\square$

㉘ $9+8+1=\square$

# 04 받아올림이 있는 (몇)+(몇) A

### 9+3의 계산

| | | |
|---|---|---|
| | 1 | |
| | | 9 |
| + | | 3 |
| | | 2 |

9+3=12

→

| | | |
|---|---|---|
| | 1 | |
| | | 9 |
| + | | 3 |
| | 1 | 2 |

일의 자리 숫자끼리 계산을 하고, 계산 결과가 10이거나 10이 넘으면 십의 자리로 받아올림을 합니다.

원리 비법 10이거나 10을 넘으면 **받아올림**을 해!

덧셈을 하세요.

❶ 9 + 6

❷ 3 + 8

❸ 8 + 6

❹ 6 + 8

❺ 5 + 6

❻ 2 + 9

❼ 6 + 7

❽ 7 + 9

❾ 7 + 8

❿ 5 + 8

⓫ 9 + 3

⓬ 4 + 7

정답 101쪽

| 공부한 날짜 | 맞힌 개수 | 걸린 시간 |
|---|---|---|
| 월 일 | /27 | 분 |

덧셈을 하세요.

⑬
$$\begin{array}{r} 4 \\ +\ 9 \\ \hline \end{array}$$

⑭
$$\begin{array}{r} 8 \\ +\ 4 \\ \hline \end{array}$$

⑮
$$\begin{array}{r} 8 \\ +\ 9 \\ \hline \end{array}$$

⑯
$$\begin{array}{r} 8 \\ +\ 7 \\ \hline \end{array}$$

⑰
$$\begin{array}{r} 7 \\ +\ 5 \\ \hline \end{array}$$

⑱
$$\begin{array}{r} 9 \\ +\ 8 \\ \hline \end{array}$$

⑲
$$\begin{array}{r} 7 \\ +\ 6 \\ \hline \end{array}$$

⑳
$$\begin{array}{r} 6 \\ +\ 6 \\ \hline \end{array}$$

㉑
$$\begin{array}{r} 5 \\ +\ 9 \\ \hline \end{array}$$

㉒
$$\begin{array}{r} 4 \\ +\ 8 \\ \hline \end{array}$$

㉓
$$\begin{array}{r} 9 \\ +\ 9 \\ \hline \end{array}$$

㉔
$$\begin{array}{r} 6 \\ +\ 9 \\ \hline \end{array}$$

㉕
$$\begin{array}{r} 3 \\ +\ 9 \\ \hline \end{array}$$

㉖
$$\begin{array}{r} 9 \\ +\ 4 \\ \hline \end{array}$$

㉗
$$\begin{array}{r} 5 \\ +\ 7 \\ \hline \end{array}$$

# 05 받아올림이 있는 (몇)+(몇) B

**○8+5의 계산**

$$\begin{array}{r} {}^{1}\phantom{0} \\ 8 \\ +\ 5 \\ \hline 3 \end{array} \Rightarrow \begin{array}{r} {}^{1}\phantom{0} \\ 8 \\ +\ 5 \\ \hline 13 \end{array}$$

8+5=13이므로
10을 십의 자리로
받아올림합니다.

원리 비법 받아올림한 수는 위에 **작게 1**을 적으면 돼!

덧셈을 하세요.

❶ $\begin{array}{r} 5 \\ +\ 8 \\ \hline \end{array}$

❷ $\begin{array}{r} 4 \\ +\ 9 \\ \hline \end{array}$

❸ $\begin{array}{r} 9 \\ +\ 7 \\ \hline \end{array}$

❹ $\begin{array}{r} 5 \\ +\ 9 \\ \hline \end{array}$

❺ $\begin{array}{r} 7 \\ +\ 8 \\ \hline \end{array}$

❻ $\begin{array}{r} 2 \\ +\ 9 \\ \hline \end{array}$

❼ $\begin{array}{r} 8 \\ +\ 9 \\ \hline \end{array}$

❽ $\begin{array}{r} 3 \\ +\ 9 \\ \hline \end{array}$

❾ $\begin{array}{r} 6 \\ +\ 5 \\ \hline \end{array}$

❿ $\begin{array}{r} 6 \\ +\ 7 \\ \hline \end{array}$

⓫ $\begin{array}{r} 8 \\ +\ 3 \\ \hline \end{array}$

⓬ $\begin{array}{r} 9 \\ +\ 5 \\ \hline \end{array}$

정답 102쪽

| 공부한 날짜 | 맞힌 개수 | 걸린 시간 |
|---|---|---|
| 월 일 | /27 | 분 |

덧셈을 하세요.

⑬ $\begin{array}{r} 7 \\ +\ 6 \\ \hline \end{array}$

⑭ $\begin{array}{r} 6 \\ +\ 8 \\ \hline \end{array}$

⑮ $\begin{array}{r} 8 \\ +\ 4 \\ \hline \end{array}$

⑯ $\begin{array}{r} 7 \\ +\ 4 \\ \hline \end{array}$

⑰ $\begin{array}{r} 5 \\ +\ 6 \\ \hline \end{array}$

⑱ $\begin{array}{r} 6 \\ +\ 9 \\ \hline \end{array}$

⑲ $\begin{array}{r} 6 \\ +\ 6 \\ \hline \end{array}$

⑳ $\begin{array}{r} 8 \\ +\ 6 \\ \hline \end{array}$

㉑ $\begin{array}{r} 9 \\ +\ 2 \\ \hline \end{array}$

㉒ $\begin{array}{r} 9 \\ +\ 4 \\ \hline \end{array}$

㉓ $\begin{array}{r} 3 \\ +\ 8 \\ \hline \end{array}$

㉔ $\begin{array}{r} 4 \\ +\ 8 \\ \hline \end{array}$

㉕ $\begin{array}{r} 5 \\ +\ 7 \\ \hline \end{array}$

㉖ $\begin{array}{r} 9 \\ +\ 8 \\ \hline \end{array}$

㉗ $\begin{array}{r} 4 \\ +\ 7 \\ \hline \end{array}$

# 06 받아올림이 있는 (몇)+(몇) C

**○ 7+7의 계산**

$7+7=14$

$7+3+4=10+4=14$

① 7+7에서 7과 더해 10이 되는 수가 되도록 7을 3과 4로 가르기 합니다.

② 7과 3을 먼저 더하고 나머지 4를 더합니다.

원리 비법 앞이나 뒤의 수를 가르기 하여 **10이 되는 덧셈식**을 만들어!

덧셈을 하세요.

❶ 2+9
=2+8+□
=10+□=□

❷ 6+8
=6+4+□
=10+□=□

❸ 9+6
=9+1+□
=10+□=□

❹ 7+8
=7+3+□
=10+□=□

❺ 7+5
=7+3+□
=10+□=□

❻ 9+8
=9+1+□
=10+□=□

❼ 4+8
=4+6+□
=10+□=□

❽ 6+5
=6+4+□
=10+□=□

❾ 6+7
=6+4+□
=10+□=□

❿ 4+7
=4+6+□
=10+□=□

⓫ 8+6
=8+2+□
=10+□=□

⓬ 9+9
=9+1+□
=10+□=□

정답 102쪽

| 공부한 날짜 | 맞힌 개수 | 걸린 시간 |
| --- | --- | --- |
| 월 일 | /30 | 분 |

덧셈을 하세요.

⑬ $8+8=\square$

⑲ $9+5=\square$

㉕ $7+7=\square$

⑭ $5+6=\square$

⑳ $8+5=\square$

㉖ $9+7=\square$

⑮ $9+2=\square$

㉑ $7+6=\square$

㉗ $6+6=\square$

⑯ $8+3=\square$

㉒ $9+4=\square$

㉘ $7+9=\square$

⑰ $7+4=\square$

㉓ $5+9=\square$

㉙ $8+7=\square$

⑱ $8+6=\square$

㉔ $4+7=\square$

㉚ $2+9=\square$

# 01 세 수의 뺄셈 A

○ 37 − 2 − 4의 계산

37 − 2 − 4 = 31 (37 − 2 = 35, 35 − 4 = 31)

$$\begin{array}{r} 37 \\ -\ \ 2 \\ \hline 35 \end{array} \rightarrow \begin{array}{r} 35 \\ -\ \ 4 \\ \hline 31 \end{array}$$

➡ 37과 2를 뺀 후 4를 뺍니다.

원리 비법 세 수의 뺄셈은 계산 순서를 바꾸면 **결과가 달라져**!

계산을 하세요.

❶ 55 − 1 − 1 = ☐

$$\begin{array}{r} 55 \\ -\ \ 1 \\ \hline \square \end{array} \rightarrow \begin{array}{r} \square \\ -\ \ 1 \\ \hline \square \end{array}$$

❷ 19 − 3 − 4 = ☐

$$\begin{array}{r} 19 \\ -\ \ 3 \\ \hline \square \end{array} \rightarrow \begin{array}{r} \square \\ -\ \ 4 \\ \hline \square \end{array}$$

❸ 27 − 4 − 2 = ☐

$$\begin{array}{r} 27 \\ -\ \ 4 \\ \hline \square \end{array} \rightarrow \begin{array}{r} \square \\ -\ \ 2 \\ \hline \square \end{array}$$

❹ 49 − 5 − 1 = ☐

$$\begin{array}{r} 49 \\ -\ \ 5 \\ \hline \square \end{array} \rightarrow \begin{array}{r} \square \\ -\ \ 1 \\ \hline \square \end{array}$$

❺ 39 − 1 − 6 = ☐

$$\begin{array}{r} 39 \\ -\ \ 1 \\ \hline \square \end{array} \rightarrow \begin{array}{r} \square \\ -\ \ 6 \\ \hline \square \end{array}$$

❻ 64 − 2 − 1 = ☐

$$\begin{array}{r} 64 \\ -\ \ 2 \\ \hline \square \end{array} \rightarrow \begin{array}{r} \square \\ -\ \ 1 \\ \hline \square \end{array}$$

정답 103쪽

| 공부한 날짜 | 맞힌 개수 | 걸린 시간 |
|---|---|---|
| 월 일 | /24 | 분 |

계산을 하세요.

⑦ $96-3-1=$ ☐

⑧ $19-2-1=$ ☐

⑨ $67-3-4=$ ☐

⑩ $19-5-3=$ ☐

⑪ $54-2-1=$ ☐

⑫ $79-4-4=$ ☐

⑬ $44-2-1=$ ☐

⑭ $85-2-1=$ ☐

⑮ $19-1-2=$ ☐

⑯ $28-5-2=$ ☐

⑰ $47-3-1=$ ☐

⑱ $15-1-2=$ ☐

⑲ $26-3-1=$ ☐

⑳ $69-2-3=$ ☐

㉑ $88-2-4=$ ☐

㉒ $39-3-5=$ ☐

㉓ $18-2-3=$ ☐

㉔ $34-1-2=$ ☐

# 02 10에서 빼기 A

## 10에서 빼기

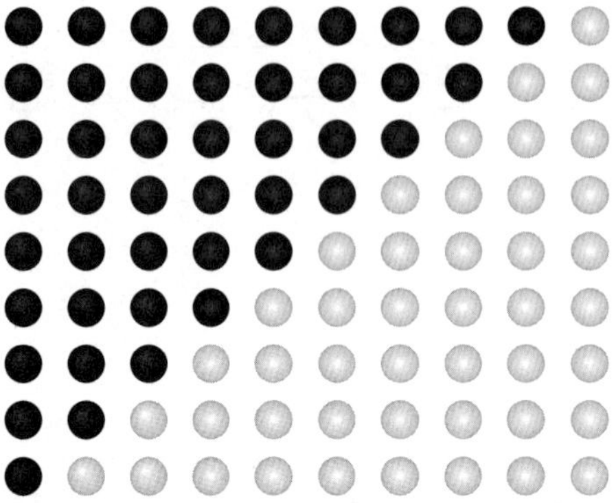

10 − 1 = 9
10 − 2 = 8
10 − 3 = 7
10 − 4 = 6
10 − 5 = 5
10 − 6 = 4
10 − 7 = 3
10 − 8 = 2
10 − 9 = 1

원리 비법 10에서 흰색 공의 개수를 빼면 **검은색 공의 개수가 남아!**

그림을 보고 □ 안에 알맞은 수를 써넣으세요.

❶

10 − □ = □

❷
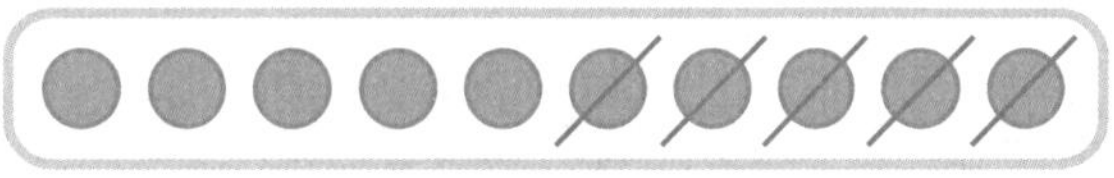

10 − □ = □

❸
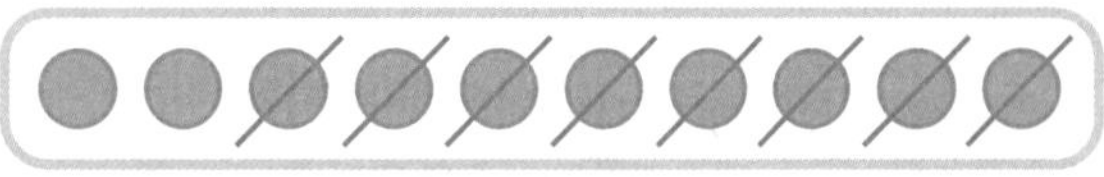

10 − □ = □

❹

10 − □ = □

❺
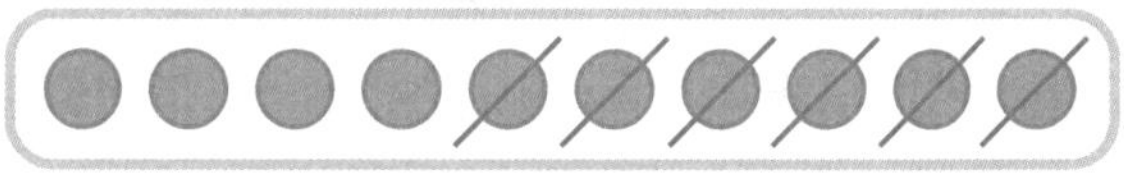

10 − □ = □

❻
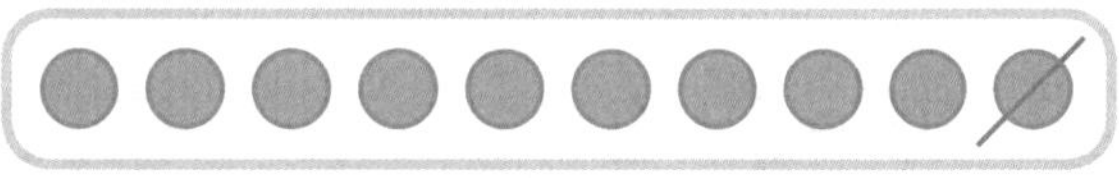

10 − □ = □

❼

10 − □ = □

❽
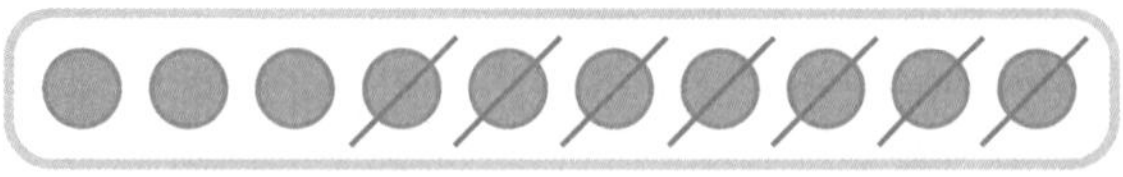

10 − □ = □

정답 103쪽

| 공부한 날짜 | 맞힌 개수 | 걸린 시간 |
| --- | --- | --- |
| 월 일 | /26 | 분 |

□ 안에 알맞은 수를 써넣으세요.

⑨ $10-\square=8$

⑮ $10-3=\square$

㉑ $\square-5=5$

⑩ $10-\square=6$

⑯ $10-2=\square$

㉒ $\square-9=1$

⑪ $10-\square=3$

⑰ $10-5=\square$

㉓ $\square-4=6$

⑫ $10-\square=2$

⑱ $10-4=\square$

㉔ $\square-8=2$

⑬ $10-\square=9$

⑲ $10-8=\square$

㉕ $\square-6=4$

⑭ $10-\square=1$

⑳ $10-7=\square$

㉖ $\square-2=8$

# 03 받아내림이 있는 (십몇) − (몇) A

**○ 12 − 6의 계산**

| | 0 | 10 |
|---|---|---|
| | ~~1~~ | 2 |
| − | | 6 |
| | | |

➡

| | 0 | 10 |
|---|---|---|
| | ~~1~~ | 2 |
| − | | 6 |
| | | 6 |

① 일의 자리 수끼리 뺄 수 없으면 십의 자리에서 10을 받아내림합니다.

② 받아내림한 수와 일의 자리 수를 합한 것에서 일의 자리 수를 뺍니다.

원리 비법 일의 자리 수끼리 뺄 수 없으면 십의 자리에서 **받아내림**해!

뺄셈을 하세요.

❶ 12 − 8 =

❷ 12 − 7 =

❸ 16 − 8 =

❹ 11 − 7 =

❺ 11 − 6 =

❻ 13 − 7 =

❼ 14 − 6 =

❽ 18 − 9 =

❾ 13 − 5 =

❿ 11 − 9 =

⓫ 17 − 8 =

⓬ 15 − 6 =

➲ 정답 103쪽

| 공부한 날짜 | 맞힌 개수 | 걸린 시간 |
|---|---|---|
| 월 일 | /27 | 분 |

◆ 뺄셈을 하세요.

⑬
$$\begin{array}{r} 14 \\ -\ \ 8 \\ \hline \end{array}$$

⑱
$$\begin{array}{r} 13 \\ -\ \ 6 \\ \hline \end{array}$$

㉓
$$\begin{array}{r} 11 \\ -\ \ 4 \\ \hline \end{array}$$

⑭
$$\begin{array}{r} 11 \\ -\ \ 3 \\ \hline \end{array}$$

⑲
$$\begin{array}{r} 13 \\ -\ \ 9 \\ \hline \end{array}$$

㉔
$$\begin{array}{r} 16 \\ -\ \ 7 \\ \hline \end{array}$$

⑮
$$\begin{array}{r} 11 \\ -\ \ 5 \\ \hline \end{array}$$

⑳
$$\begin{array}{r} 12 \\ -\ \ 9 \\ \hline \end{array}$$

㉕
$$\begin{array}{r} 14 \\ -\ \ 5 \\ \hline \end{array}$$

⑯
$$\begin{array}{r} 15 \\ -\ \ 7 \\ \hline \end{array}$$

㉑
$$\begin{array}{r} 15 \\ -\ \ 8 \\ \hline \end{array}$$

㉖
$$\begin{array}{r} 12 \\ -\ \ 4 \\ \hline \end{array}$$

⑰
$$\begin{array}{r} 13 \\ -\ \ 8 \\ \hline \end{array}$$

㉒
$$\begin{array}{r} 17 \\ -\ \ 9 \\ \hline \end{array}$$

㉗
$$\begin{array}{r} 11 \\ -\ \ 8 \\ \hline \end{array}$$

# 04 받아내림이 있는 (십몇) − (몇) B

**15 − 8의 계산**

$$\begin{array}{r} {\scriptstyle 0\ 10} \\ \not{1}\ 5 \\ -\quad 8 \\ \hline \end{array} \Rightarrow \begin{array}{r} {\scriptstyle 0\ 10} \\ \not{1}\ 5 \\ -\quad 8 \\ \hline 7 \end{array}$$

➡ 5에서 8을 뺄 수 없으므로 십의 자리에서 받아내림을 합니다.

원리 비법 받아내림한 수는 **일의 자리 위에 작게 10**을 적으면 돼!

빼셈을 하세요.

❶ $\begin{array}{r} 1\ 2 \\ -\quad 9 \\ \hline \end{array}$

❷ $\begin{array}{r} 1\ 7 \\ -\quad 8 \\ \hline \end{array}$

❸ $\begin{array}{r} 1\ 1 \\ -\quad 3 \\ \hline \end{array}$

❹ $\begin{array}{r} 1\ 6 \\ -\quad 9 \\ \hline \end{array}$

❺ $\begin{array}{r} 1\ 4 \\ -\quad 6 \\ \hline \end{array}$

❻ $\begin{array}{r} 1\ 4 \\ -\quad 5 \\ \hline \end{array}$

❼ $\begin{array}{r} 1\ 2 \\ -\quad 6 \\ \hline \end{array}$

❽ $\begin{array}{r} 1\ 8 \\ -\quad 9 \\ \hline \end{array}$

❾ $\begin{array}{r} 1\ 1 \\ -\quad 8 \\ \hline \end{array}$

❿ $\begin{array}{r} 1\ 3 \\ -\quad 5 \\ \hline \end{array}$

⓫ $\begin{array}{r} 1\ 1 \\ -\quad 5 \\ \hline \end{array}$

⓬ $\begin{array}{r} 1\ 1 \\ -\quad 9 \\ \hline \end{array}$

정답 103쪽

| 공부한 날짜 | 맞힌 개수 | 걸린 시간 |
| --- | --- | --- |
| 월 일 | /27 | 분 |

빨셈을 하세요.

⑬ $12 - 7$

⑱ $11 - 7$

㉓ $11 - 6$

⑭ $16 - 8$

⑲ $17 - 9$

㉔ $12 - 8$

⑮ $13 - 8$

⑳ $14 - 9$

㉕ $14 - 8$

⑯ $15 - 9$

㉑ $13 - 9$

㉖ $12 - 5$

⑰ $13 - 6$

㉒ $14 - 7$

㉗ $11 - 4$

# 05 받아내림이 있는 (십몇)−(몇) C

**14−7의 계산**

$14-7=7$

$10-7+4=3+4=7$

① 14를 10과 4로 가르기 합니다.
② 10에서 7을 뺀 수에 4를 더해 줍니다.

원리 비법 10에서 뺄 수 있도록 앞의 수를 **가르기** 해!

계산을 하세요.

❶ $12-5$
$=10-5+\square$
$=5+\square=\square$

❷ $13-4$
$=10-4+\square$
$=6+\square=\square$

❸ $16-7$
$=10-7+\square$
$=3+\square=\square$

❹ $11-4$
$=10-4+\square$
$=6+\square=\square$

❺ $11-8$
$=10-8+\square$
$=2+\square=\square$

❻ $14-9$
$=10-9+\square$
$=1+\square=\square$

❼ $17-8$
$=10-8+\square$
$=2+\square=\square$

❽ $15-6$
$=10-6+\square$
$=4+\square=\square$

❾ $14-5$
$=10-5+\square$
$=5+\square=\square$

❿ $11-2$
$=10-2+\square$
$=8+\square=\square$

⓫ $12-8$
$=10-8+\square$
$=2+\square=\square$

⓬ $16-8$
$=10-8+\square$
$=2+\square=\square$

정답 104쪽

| 공부한 날짜 | 맞힌 개수 | 걸린 시간 |
| --- | --- | --- |
| 월 일 | /30 | 분 |

빨셈을 하세요.

⑬ 14 − 6 = ☐

⑭ 11 − 7 = ☐

⑮ 12 − 7 = ☐

⑯ 16 − 9 = ☐

⑰ 13 − 8 = ☐

⑱ 11 − 4 = ☐

⑲ 11 − 5 = ☐

⑳ 14 − 8 = ☐

㉑ 13 − 5 = ☐

㉒ 15 − 7 = ☐

㉓ 12 − 9 = ☐

㉔ 12 − 5 = ☐

㉕ 17 − 9 = ☐

㉖ 13 − 6 = ☐

㉗ 11 − 3 = ☐

㉘ 12 − 4 = ☐

㉙ 14 − 9 = ☐

㉚ 11 − 2 = ☐

쌍둥이

# 최우수상

# 참 잘했어요!

이름 ______________________

위 어린이는 쌍둥이 연산 노트 1학년 2학기 과정을

스스로 꾸준히 훌륭하게 마쳤습니다.

이에 칭찬하여 이 상장을 드립니다.

년　　　월　　　일

# 정답

초등 2단계

1·2

예습책

## 6쪽 01 99까지의 수 알기 A

① 53
② 80
③ 59
④ 98
⑤ 95
⑥ 65
⑦ 88
⑧ 73

**7쪽**

⑨ 육십팔, 예순여덟
⑩ 칠십육, 일흔여섯
⑪ 팔십사, 여든넷
⑫ 육십, 예순
⑬ 칠십사, 일흔넷
⑭ 오십칠, 쉰일곱
⑮ 육십이, 예순둘
⑯ 구십이, 아흔둘
⑰ 칠십구, 일흔아홉
⑱ 구십일, 아흔하나

## 8쪽 02 100까지의 수의 순서 알기 A

① 85, 88, 90, 93
② 67, 71, 72, 73
③ 52, 53, 54, 56
④ 64, 66, 68, 69
⑤ 75, 76, 82, 83

**9쪽**

⑥ 56, 58
⑦ 79, 81
⑧ 83, 87
⑨ 95, 96
⑩ 60, 62
⑪ 77, 79
⑫ 70, 72
⑬ 90, 91
⑭ 55, 58
⑮ 91, 92
⑯ 87, 88
⑰ 53, 55

## 10쪽 03 100까지의 수의 크기 비교 A

① <
② <
③ >
④ <
⑤ >
⑥ >
⑦ <
⑧ >
⑨ >
⑩ <
⑪ >
⑫ >
⑬ <
⑭ <
⑮ >

**11쪽**

⑯ 91에 ○표
⑰ 99에 ○표
⑱ 87에 ○표
⑲ 94에 ○표
⑳ 98에 ○표
㉑ 83에 ○표
㉒ 88에 ○표
㉓ 97에 ○표
㉔ 77에 ○표
㉕ 72에 ○표
㉖ 84에 ○표
㉗ 82에 ○표

㉘ 54에 △표
㉙ 68에 △표
㉚ 69에 △표
㉛ 54에 △표
㉜ 64에 △표
㉝ 79에 △표
㉞ 68에 △표
㉟ 63에 △표
㊱ 53에 △표
㊲ 81에 △표
㊳ 58에 △표
㊴ 71에 △표

## 12쪽 04 100까지의 수의 크기 비교 B

① >
② >
③ >
④ >
⑤ <
⑥ <
⑦ >
⑧ <
⑨ <
⑩ >
⑪ >
⑫ <
⑬ <
⑭ >
⑮ <

**13쪽**

⑯ 59에 ○표
⑰ 98에 ○표
⑱ 69에 ○표
⑲ 89에 ○표
⑳ 77에 ○표
㉑ 67에 ○표
㉒ 66에 ○표
㉓ 57에 ○표

㉔ 93에 △표
㉕ 61에 △표
㉖ 71에 △표
㉗ 62에 △표
㉘ 81에 △표
㉙ 50에 △표
㉚ 90에 △표
㉛ 53에 △표

## 14쪽 01 (몇십)+(몇), (몇)+(몇십) Ⓐ

| | | |
|---|---|---|
| ① 85 | ⑤ 11 | ⑨ 62 |
| ② 28 | ⑥ 76 | ⑩ 33 |
| ③ 84 | ⑦ 49 | ⑪ 94 |
| ④ 56 | ⑧ 99 | ⑫ 31 |

**15쪽**

| | | |
|---|---|---|
| ⑬ 78 | ⑱ 59 | ㉓ 67 |
| ⑭ 26 | ⑲ 44 | ㉔ 77 |
| ⑮ 66 | ⑳ 12 | ㉕ 16 |
| ⑯ 24 | ㉑ 41 | ㉖ 34 |
| ⑰ 15 | ㉒ 97 | ㉗ 21 |

## 16쪽 02 (몇십)+(몇), (몇)+(몇십) Ⓑ

| | | |
|---|---|---|
| ① 36 | ⑤ 14 | ⑨ 51 |
| ② 25 | ⑥ 93 | ⑩ 96 |
| ③ 71 | ⑦ 61 | ⑪ 49 |
| ④ 89 | ⑧ 64 | ⑫ 19 |

**17쪽**

| | | |
|---|---|---|
| ⑬ 33 | ⑱ 65 | ㉓ 97 |
| ⑭ 47 | ⑲ 31 | ㉔ 18 |
| ⑮ 81 | ⑳ 74 | ㉕ 91 |
| ⑯ 55 | ㉑ 11 | ㉖ 95 |
| ⑰ 29 | ㉒ 85 | ㉗ 68 |

## 18쪽 03 (몇십)+(몇), (몇)+(몇십) Ⓒ

| | | |
|---|---|---|
| ① 12 | ⑥ 32 | ⑪ 24 |
| ② 96 | ⑦ 51 | ⑫ 67 |
| ③ 41 | ⑧ 27 | ⑬ 72 |
| ④ 74 | ⑨ 43 | ⑭ 88 |
| ⑤ 17 | ⑩ 85 | ⑮ 19 |

**19쪽**

| | | |
|---|---|---|
| ⑯ 23 | ㉒ 66 | ㉘ 52 |
| ⑰ 97 | ㉓ 38 | ㉙ 97 |
| ⑱ 15 | ㉔ 89 | ㉚ 13 |
| ⑲ 21 | ㉕ 47 | ㉛ 16 |
| ⑳ 54 | ㉖ 83 | ㉜ 56 |
| ㉑ 39 | ㉗ 78 | ㉝ 22 |

## 20쪽 04 (몇십몇)+(몇), (몇)+(몇십몇) Ⓐ

| | | |
|---|---|---|
| ① 67 | ⑤ 15 | ⑨ 87 |
| ② 25 | ⑥ 95 | ⑩ 39 |
| ③ 77 | ⑦ 49 | ⑪ 76 |
| ④ 57 | ⑧ 67 | ⑫ 95 |

**21쪽**

| | | |
|---|---|---|
| ⑬ 57 | ⑱ 57 | ㉓ 36 |
| ⑭ 89 | ⑲ 14 | ㉔ 79 |
| ⑮ 97 | ⑳ 14 | ㉕ 66 |
| ⑯ 48 | ㉑ 49 | ㉖ 37 |
| ⑰ 29 | ㉒ 36 | ㉗ 25 |

## 22쪽 05 (몇십몇)+(몇), (몇)+(몇십몇) B

| | | |
|---|---|---|
| ① 68 | ⑤ 16 | ⑨ 55 |
| ② 35 | ⑥ 79 | ⑩ 47 |
| ③ 27 | ⑦ 94 | ⑪ 88 |
| ④ 55 | ⑧ 45 | ⑫ 39 |

### 23쪽

| | | |
|---|---|---|
| ⑬ 28 | ⑱ 14 | ㉓ 59 |
| ⑭ 38 | ⑲ 19 | ㉔ 67 |
| ⑮ 98 | ⑳ 47 | ㉕ 76 |
| ⑯ 27 | ㉑ 88 | ㉖ 38 |
| ⑰ 46 | ㉒ 28 | ㉗ 19 |

## 26쪽 07 (몇십)+(몇십) A

| | | |
|---|---|---|
| ① 30 | ⑤ 90 | ⑨ 70 |
| ② 50 | ⑥ 80 | ⑩ 60 |
| ③ 90 | ⑦ 60 | ⑪ 90 |
| ④ 60 | ⑧ 90 | ⑫ 90 |

### 27쪽

| | | |
|---|---|---|
| ⑬ 70 | ⑱ 90 | ㉓ 30 |
| ⑭ 40 | ⑲ 80 | ㉔ 50 |
| ⑮ 80 | ⑳ 70 | ㉕ 60 |
| ⑯ 70 | ㉑ 50 | ㉖ 90 |
| ⑰ 20 | ㉒ 70 | ㉗ 40 |

## 24쪽 06 (몇십몇)+(몇), (몇)+(몇십몇) C

| | | |
|---|---|---|
| ① 18 | ⑥ 36 | ⑪ 65 |
| ② 43 | ⑦ 35 | ⑫ 78 |
| ③ 75 | ⑧ 97 | ⑬ 46 |
| ④ 27 | ⑨ 86 | ⑭ 19 |
| ⑤ 69 | ⑩ 69 | ⑮ 59 |

### 25쪽

| | | |
|---|---|---|
| ⑯ 17 | ㉒ 64 | ㉘ 88 |
| ⑰ 44 | ㉓ 84 | ㉙ 79 |
| ⑱ 29 | ㉔ 96 | ㉚ 26 |
| ⑲ 54 | ㉕ 39 | ㉛ 28 |
| ⑳ 39 | ㉖ 63 | ㉜ 18 |
| ㉑ 28 | ㉗ 37 | ㉝ 59 |

## 28쪽 08 (몇십)+(몇십) B

| | | |
|---|---|---|
| ① 70 | ⑤ 90 | ⑨ 40 |
| ② 60 | ⑥ 80 | ⑩ 40 |
| ③ 90 | ⑦ 90 | ⑪ 70 |
| ④ 20 | ⑧ 40 | ⑫ 90 |

### 29쪽

| | | |
|---|---|---|
| ⑬ 60 | ⑱ 80 | ㉓ 90 |
| ⑭ 70 | ⑲ 30 | ㉔ 50 |
| ⑮ 80 | ⑳ 70 | ㉕ 50 |
| ⑯ 70 | ㉑ 30 | ㉖ 60 |
| ⑰ 60 | ㉒ 90 | ㉗ 50 |

## 30쪽 09 (몇십)+(몇십) C

| | | |
|---|---|---|
| ① 90 | ⑥ 50 | ⑪ 60 |
| ② 60 | ⑦ 60 | ⑫ 90 |
| ③ 70 | ⑧ 40 | ⑬ 90 |
| ④ 80 | ⑨ 40 | ⑭ 90 |
| ⑤ 20 | ⑩ 90 | ⑮ 70 |

### 31쪽

| | | |
|---|---|---|
| ⑯ 70 | ㉒ 90 | ㉘ 80 |
| ⑰ 80 | ㉓ 30 | ㉙ 70 |
| ⑱ 50 | ㉔ 80 | ㉚ 70 |
| ⑲ 60 | ㉕ 50 | ㉛ 80 |
| ⑳ 60 | ㉖ 70 | ㉜ 40 |
| ㉑ 90 | ㉗ 60 | ㉝ 70 |

## 32쪽 10 (몇십몇)+(몇십몇) A

| | | |
|---|---|---|
| ① 58 | ⑤ 97 | ⑨ 97 |
| ② 95 | ⑥ 98 | ⑩ 88 |
| ③ 66 | ⑦ 58 | ⑪ 86 |
| ④ 79 | ⑧ 88 | ⑫ 69 |

### 33쪽

| | | |
|---|---|---|
| ⑬ 95 | ⑱ 87 | ㉓ 69 |
| ⑭ 78 | ⑲ 83 | ㉔ 73 |
| ⑮ 89 | ⑳ 99 | ㉕ 78 |
| ⑯ 98 | ㉑ 76 | ㉖ 92 |
| ⑰ 89 | ㉒ 99 | ㉗ 97 |

## 34쪽 11 (몇십몇)+(몇십몇) B

| | | |
|---|---|---|
| ① 75 | ⑤ 69 | ⑨ 88 |
| ② 69 | ⑥ 53 | ⑩ 89 |
| ③ 98 | ⑦ 96 | ⑪ 86 |
| ④ 78 | ⑧ 88 | ⑫ 96 |

### 35쪽

| | | |
|---|---|---|
| ⑬ 78 | ⑱ 98 | ㉓ 86 |
| ⑭ 57 | ⑲ 97 | ㉔ 98 |
| ⑮ 98 | ⑳ 89 | ㉕ 48 |
| ⑯ 69 | ㉑ 98 | ㉖ 95 |
| ⑰ 65 | ㉒ 77 | ㉗ 49 |

## 36쪽 12 (몇십몇)+(몇십몇) C

| | | |
|---|---|---|
| ① 96 | ⑥ 26 | ⑪ 99 |
| ② 98 | ⑦ 93 | ⑫ 76 |
| ③ 58 | ⑧ 96 | ⑬ 46 |
| ④ 89 | ⑨ 88 | ⑭ 95 |
| ⑤ 79 | ⑩ 67 | ⑮ 87 |

### 37쪽

| | | |
|---|---|---|
| ⑯ 95 | ㉒ 88 | ㉘ 74 |
| ⑰ 56 | ㉓ 72 | ㉙ 99 |
| ⑱ 79 | ㉔ 98 | ㉚ 69 |
| ⑲ 99 | ㉕ 67 | ㉛ 95 |
| ⑳ 87 | ㉖ 39 | ㉜ 87 |
| ㉑ 94 | ㉗ 96 | ㉝ 59 |

## 38쪽 13 합이 한 자리 수인 세 수의 덧셈 A

(계산 순서대로)

1 4, 9, 9 / 4, 4, 9
2 2, 4, 4 / 2, 2, 4
3 6, 9, 9 / 6, 6, 9
4 5, 9, 9 / 5, 5, 9
5 7, 8, 8 / 7, 7, 8
6 3, 7, 7 / 3, 3, 7

## 39쪽

7 9
8 7
9 5
10 5
11 8
12 7
13 4
14 6
15 7
16 7
17 8
18 7
19 9
20 6
21 8
22 7
23 9
24 4

## 40쪽 01 (몇십) − (몇십) A

| | | |
|---|---|---|
| 1 10 | 5 20 | 9 30 |
| 2 40 | 6 60 | 10 10 |
| 3 20 | 7 40 | 11 30 |
| 4 30 | 8 70 | 12 20 |

**41쪽**

| | | |
|---|---|---|
| 13 50 | 18 40 | 23 40 |
| 14 30 | 19 70 | 24 10 |
| 15 50 | 20 80 | 25 10 |
| 16 30 | 21 20 | 26 20 |
| 17 50 | 22 20 | 27 10 |

## 42쪽 02 (몇십) − (몇십) B

| | | |
|---|---|---|
| 1 70 | 5 10 | 9 50 |
| 2 50 | 6 30 | 10 40 |
| 3 20 | 7 50 | 11 60 |
| 4 70 | 8 30 | 12 10 |

**43쪽**

| | | |
|---|---|---|
| 13 20 | 18 10 | 23 10 |
| 14 10 | 19 20 | 24 80 |
| 15 30 | 20 10 | 25 40 |
| 16 10 | 21 60 | 26 30 |
| 17 20 | 22 50 | 27 40 |

## 44쪽 03 (몇십) − (몇십) C

| | | |
|---|---|---|
| 1 50 | 6 20 | 11 50 |
| 2 10 | 7 10 | 12 40 |
| 3 70 | 8 20 | 13 60 |
| 4 10 | 9 30 | 14 50 |
| 5 20 | 10 50 | 15 10 |

**45쪽**

| | | |
|---|---|---|
| 16 20 | 22 40 | 28 30 |
| 17 30 | 23 30 | 29 40 |
| 18 20 | 24 80 | 30 20 |
| 19 60 | 25 70 | 31 30 |
| 20 40 | 26 40 | 32 10 |
| 21 10 | 27 70 | 33 60 |

## 46쪽 04 (몇십몇) − (몇) A

| | | |
|---|---|---|
| 1 44 | 5 51 | 9 13 |
| 2 21 | 6 92 | 10 46 |
| 3 72 | 7 63 | 11 82 |
| 4 31 | 8 52 | 12 94 |

**47쪽**

| | | |
|---|---|---|
| 13 12 | 18 53 | 23 44 |
| 14 25 | 19 24 | 24 37 |
| 15 61 | 20 43 | 25 94 |
| 16 54 | 21 83 | 26 73 |
| 17 75 | 22 32 | 27 85 |

## 48쪽 05 (몇십몇) − (몇) B

| | | |
|---|---|---|
| ① 23 | ⑤ 76 | ⑨ 64 |
| ② 13 | ⑥ 95 | ⑩ 52 |
| ③ 23 | ⑦ 36 | ⑪ 52 |
| ④ 43 | ⑧ 11 | ⑫ 83 |

### 49쪽

| | | |
|---|---|---|
| ⑬ 61 | ⑱ 34 | ㉓ 21 |
| ⑭ 15 | ⑲ 51 | ㉔ 11 |
| ⑮ 73 | ⑳ 33 | ㉕ 43 |
| ⑯ 83 | ㉑ 91 | ㉖ 54 |
| ⑰ 45 | ㉒ 24 | ㉗ 76 |

## 50쪽 06 (몇십몇) − (몇) C

| | | |
|---|---|---|
| ① 14 | ⑥ 21 | ⑪ 21 |
| ② 63 | ⑦ 51 | ⑫ 41 |
| ③ 32 | ⑧ 78 | ⑬ 16 |
| ④ 32 | ⑨ 81 | ⑭ 52 |
| ⑤ 22 | ⑩ 33 | ⑮ 93 |

### 51쪽

| | | |
|---|---|---|
| ⑯ 17 | ㉒ 26 | ㉘ 33 |
| ⑰ 56 | ㉓ 23 | ㉙ 66 |
| ⑱ 65 | ㉔ 82 | ㉚ 47 |
| ⑲ 33 | ㉕ 93 | ㉛ 41 |
| ⑳ 62 | ㉖ 86 | ㉜ 12 |
| ㉑ 21 | ㉗ 62 | ㉝ 71 |

## 52쪽 07 (몇십몇) − (몇십) A

| | | |
|---|---|---|
| ① 18 | ⑤ 64 | ⑨ 17 |
| ② 45 | ⑥ 54 | ⑩ 17 |
| ③ 15 | ⑦ 33 | ⑪ 32 |
| ④ 26 | ⑧ 12 | ⑫ 29 |

### 53쪽

| | | |
|---|---|---|
| ⑬ 77 | ⑱ 27 | ㉓ 16 |
| ⑭ 12 | ⑲ 15 | ㉔ 12 |
| ⑮ 38 | ⑳ 48 | ㉕ 52 |
| ⑯ 13 | ㉑ 12 | ㉖ 57 |
| ⑰ 36 | ㉒ 26 | ㉗ 24 |

## 54쪽 08 (몇십몇) − (몇십) B

| | | |
|---|---|---|
| ① 13 | ⑤ 34 | ⑨ 13 |
| ② 13 | ⑥ 32 | ⑩ 61 |
| ③ 32 | ⑦ 23 | ⑪ 31 |
| ④ 36 | ⑧ 43 | ⑫ 47 |

### 55쪽

| | | |
|---|---|---|
| ⑬ 25 | ⑱ 35 | ㉓ 49 |
| ⑭ 37 | ⑲ 43 | ㉔ 68 |
| ⑮ 31 | ⑳ 25 | ㉕ 18 |
| ⑯ 17 | ㉑ 31 | ㉖ 42 |
| ⑰ 37 | ㉒ 38 | ㉗ 38 |

## 56쪽 09 (몇십몇) − (몇십) C

| | | |
|---|---|---|
| ❶ 29 | ❻ 11 | ⓫ 21 |
| ❷ 14 | ❼ 21 | ⓬ 72 |
| ❸ 36 | ❽ 81 | ⓭ 16 |
| ❹ 23 | ❾ 39 | ⓮ 21 |
| ❺ 46 | ❿ 49 | ⓯ 41 |

**57쪽**

| | | |
|---|---|---|
| ⓰ 47 | ㉒ 53 | ㉘ 44 |
| ⓱ 54 | ㉓ 38 | ㉙ 28 |
| ⓲ 37 | ㉔ 24 | ㉚ 35 |
| ⓳ 17 | ㉕ 15 | ㉛ 31 |
| ⓴ 26 | ㉖ 13 | ㉜ 49 |
| ㉑ 67 | ㉗ 17 | ㉝ 57 |

## 58쪽 10 (몇십몇) − (몇십몇) A

| | | |
|---|---|---|
| ❶ 13 | ❺ 33 | ❾ 35 |
| ❷ 22 | ❻ 11 | ❿ 11 |
| ❸ 35 | ❼ 43 | ⓫ 35 |
| ❹ 41 | ❽ 26 | ⓬ 54 |

**59쪽**

| | | |
|---|---|---|
| ⓭ 33 | ⓲ 11 | ㉓ 45 |
| ⓮ 21 | ⓳ 42 | ㉔ 42 |
| ⓯ 61 | ⓴ 12 | ㉕ 11 |
| ⓰ 24 | ㉑ 51 | ㉖ 62 |
| ⓱ 16 | ㉒ 52 | ㉗ 12 |

## 60쪽 11 (몇십몇) − (몇십몇) B

| | | |
|---|---|---|
| ❶ 31 | ❺ 41 | ❾ 32 |
| ❷ 12 | ❻ 32 | ❿ 22 |
| ❸ 13 | ❼ 62 | ⓫ 11 |
| ❹ 21 | ❽ 32 | ⓬ 82 |

**61쪽**

| | | |
|---|---|---|
| ⓭ 31 | ⓲ 15 | ㉓ 76 |
| ⓮ 51 | ⓳ 81 | ㉔ 51 |
| ⓯ 23 | ⓴ 21 | ㉕ 27 |
| ⓰ 42 | ㉑ 45 | ㉖ 34 |
| ⓱ 22 | ㉒ 55 | ㉗ 53 |

## 62쪽 12 (몇십몇) − (몇십몇) C

| | | |
|---|---|---|
| ❶ 42 | ❻ 71 | ⓫ 75 |
| ❷ 21 | ❼ 44 | ⓬ 12 |
| ❸ 62 | ❽ 12 | ⓭ 43 |
| ❹ 43 | ❾ 14 | ⓮ 13 |
| ❺ 17 | ❿ 11 | ⓯ 32 |

**63쪽**

| | | |
|---|---|---|
| ⓰ 11 | ㉒ 33 | ㉘ 61 |
| ⓱ 13 | ㉓ 25 | ㉙ 12 |
| ⓲ 44 | ㉔ 51 | ㉚ 43 |
| ⓳ 35 | ㉕ 53 | ㉛ 61 |
| ⓴ 21 | ㉖ 52 | ㉜ 73 |
| ㉑ 11 | ㉗ 24 | ㉝ 13 |

## 64쪽 13 계산 결과가 한 자리 수인 세 수의 뺄셈 A

(계산 순서대로)

❶ 8, 4, 4 / 8, 8, 4
❷ 7, 4, 4 / 7, 7, 4
❸ 6, 4, 4 / 6, 6, 4
❹ 4, 3, 3 / 4, 4, 3
❺ 3, 1, 1 / 3, 3, 1
❻ 6, 2, 2 / 6, 6, 2

### 65쪽

⑦ 2
⑧ 6
⑨ 1
⑩ 1
⑪ 3
⑫ 2
⑬ 3
⑭ 1
⑮ 3
⑯ 2
⑰ 3
⑱ 3
⑲ 2
⑳ 1
㉑ 1
㉒ 4
㉓ 3
㉔ 1

## 66쪽 14 덧셈과 뺄셈의 관계 알기 A

❶ 53, 1 / 1, 53
❷ 72, 4 / 4, 72
❸ 92, 6 / 6, 92
❹ 42, 2 / 2, 42
❺ 1, 37 / 36, 37
❻ 1, 84 / 83, 84
❼ 2, 67 / 65, 67
❽ 6, 18 / 12, 18

### 67쪽

⑨ 64, 21, 43 / 64, 43, 21
⑩ 82, 51, 31 / 82, 31, 51
⑪ 58, 43, 15 / 58, 15, 43
⑫ 88, 57, 31 / 88, 31, 57
⑬ 43, 35, 78 / 35, 43, 78
⑭ 11, 84, 95 / 84, 11, 95
⑮ 34, 25, 59 / 25, 34, 59
⑯ 13, 21, 34 / 21, 13, 34

## 68쪽 01 세 수의 덧셈 A

(계산 순서대로)

① 67, 69, 69 / 67, 67, 69
② 98, 99, 99 / 98, 98, 99
③ 44, 48, 48 / 44, 44, 48
④ 54, 58, 58 / 54, 54, 58
⑤ 77, 78, 78 / 77, 77, 78
⑥ 86, 88, 88 / 86, 86, 88

### 69쪽

| | | |
|---|---|---|
| ⑦ 79 | ⑬ 29 | ⑲ 49 |
| ⑧ 38 | ⑭ 69 | ⑳ 59 |
| ⑨ 48 | ⑮ 49 | ㉑ 89 |
| ⑩ 68 | ⑯ 76 | ㉒ 28 |
| ⑪ 98 | ⑰ 27 | ㉓ 97 |
| ⑫ 28 | ⑱ 39 | ㉔ 78 |

## 70쪽 02 10이 되는 더하기 A

① ○○○
② ○○○○○○○
③ ○
④ ○○○○
⑤ ○○○○○○○○
⑥ ○○○○○○
⑦ ○○○○○○○○○
⑧ ○○○○○
⑨ ○○○○○○○
⑩ ○○

### 71쪽

| | | |
|---|---|---|
| ⑪ 7 | ⑰ 1 | ㉓ 10 |
| ⑫ 5 | ⑱ 3 | ㉔ 10 |
| ⑬ 8 | ⑲ 8 | ㉕ 10 |
| ⑭ 2 | ⑳ 6 | ㉖ 10 |
| ⑮ 6 | ㉑ 2 | ㉗ 10 |
| ⑯ 4 | ㉒ 5 | ㉘ 10 |

## 72쪽 03 10을 만들어 더하기 A

| | |
|---|---|
| ① 10, 13 | ⑥ 10, 14 |
| ② 10, 12 | ⑦ 10, 17 |
| ③ 10, 17 | ⑧ 10, 12 |
| ④ 10, 11 | ⑨ 10, 17 |
| ⑤ 10, 13 | ⑩ 10, 15 |

### 73쪽

| | | |
|---|---|---|
| ⑪ 14 | ⑰ 12 | ㉓ 13 |
| ⑫ 14 | ⑱ 11 | ㉔ 18 |
| ⑬ 16 | ⑲ 17 | ㉕ 14 |
| ⑭ 18 | ⑳ 15 | ㉖ 11 |
| ⑮ 18 | ㉑ 11 | ㉗ 19 |
| ⑯ 17 | ㉒ 17 | ㉘ 18 |

## 74쪽 04 받아올림이 있는 (몇) + (몇) A

| | | |
|---|---|---|
| ① 15 | ⑤ 11 | ⑨ 15 |
| ② 11 | ⑥ 11 | ⑩ 13 |
| ③ 14 | ⑦ 13 | ⑪ 12 |
| ④ 14 | ⑧ 16 | ⑫ 11 |

### 75쪽

| | | |
|---|---|---|
| ⑬ 13 | ⑱ 17 | ㉓ 18 |
| ⑭ 12 | ⑲ 13 | ㉔ 15 |
| ⑮ 17 | ⑳ 12 | ㉕ 12 |
| ⑯ 15 | ㉑ 14 | ㉖ 13 |
| ⑰ 12 | ㉒ 12 | ㉗ 12 |

## 76쪽 05 받아올림이 있는 (몇)+(몇) B

| | | |
|---|---|---|
| ❶ 13 | ❺ 15 | ❾ 11 |
| ❷ 13 | ❻ 11 | ❿ 13 |
| ❸ 16 | ❼ 17 | ⓫ 11 |
| ❹ 14 | ❽ 12 | ⓬ 14 |

### 77쪽

| | | |
|---|---|---|
| ⓭ 13 | ⓲ 15 | ㉓ 11 |
| ⓮ 14 | ⓳ 12 | ㉔ 12 |
| ⓯ 12 | ⓴ 14 | ㉕ 12 |
| ⓰ 11 | ㉑ 11 | ㉖ 17 |
| ⓱ 11 | ㉒ 13 | ㉗ 11 |

## 78쪽 06 받아올림이 있는 (몇)+(몇) C

| | | |
|---|---|---|
| ❶ 1, 1, 11 | ❺ 2, 2, 12 | ❾ 3, 3, 13 |
| ❷ 4, 4, 14 | ❻ 7, 7, 17 | ❿ 1, 1, 11 |
| ❸ 5, 5, 15 | ❼ 2, 2, 12 | ⓫ 4, 4, 14 |
| ❹ 5, 5, 15 | ❽ 1, 1, 11 | ⓬ 8, 8, 18 |

### 79쪽

| | | |
|---|---|---|
| ⓭ 16 | ⓳ 14 | ㉕ 14 |
| ⓮ 11 | ⓴ 13 | ㉖ 16 |
| ⓯ 11 | ㉑ 13 | ㉗ 12 |
| ⓰ 11 | ㉒ 13 | ㉘ 16 |
| ⓱ 11 | ㉓ 14 | ㉙ 15 |
| ⓲ 14 | ㉔ 11 | ㉚ 11 |

## 80쪽 01 세 수의 뺄셈 Ⓐ

(계산 순서대로)

| | |
|---|---|
| ① 54, 53, 53 / 54, 54, 53 | ④ 44, 43, 43 / 44, 44, 43 |
| ② 16, 12, 12 / 16, 16, 12 | ⑤ 38, 32, 32 / 38, 38, 32 |
| ③ 23, 21, 21 / 23, 23, 21 | ⑥ 62, 61, 61 / 62, 62, 61 |

### 81쪽

| | | |
|---|---|---|
| ⑦ 92 | ⑬ 41 | ⑲ 22 |
| ⑧ 16 | ⑭ 82 | ⑳ 64 |
| ⑨ 60 | ⑮ 16 | ㉑ 82 |
| ⑩ 11 | ⑯ 21 | ㉒ 31 |
| ⑪ 51 | ⑰ 43 | ㉓ 13 |
| ⑫ 71 | ⑱ 12 | ㉔ 31 |

## 82쪽 02 10에서 빼기 Ⓐ

| | |
|---|---|
| ① 2, 8 | ⑤ 6, 4 |
| ② 5, 5 | ⑥ 1, 9 |
| ③ 8, 2 | ⑦ 3, 7 |
| ④ 4, 6 | ⑧ 7, 3 |

### 83쪽

| | | |
|---|---|---|
| ⑨ 2 | ⑮ 7 | ㉑ 10 |
| ⑩ 4 | ⑯ 8 | ㉒ 10 |
| ⑪ 7 | ⑰ 5 | ㉓ 10 |
| ⑫ 8 | ⑱ 6 | ㉔ 10 |
| ⑬ 1 | ⑲ 2 | ㉕ 10 |
| ⑭ 9 | ⑳ 3 | ㉖ 10 |

## 84쪽 03 받아내림이 있는 (십몇) − (몇) Ⓐ

| | | |
|---|---|---|
| ① 4 | ⑤ 5 | ⑨ 8 |
| ② 5 | ⑥ 6 | ⑩ 2 |
| ③ 8 | ⑦ 8 | ⑪ 9 |
| ④ 4 | ⑧ 9 | ⑫ 9 |

### 85쪽

| | | |
|---|---|---|
| ⑬ 6 | ⑱ 7 | ㉓ 7 |
| ⑭ 8 | ⑲ 4 | ㉔ 9 |
| ⑮ 6 | ⑳ 3 | ㉕ 9 |
| ⑯ 8 | ㉑ 7 | ㉖ 8 |
| ⑰ 5 | ㉒ 8 | ㉗ 3 |

## 86쪽 04 받아내림이 있는 (십몇) − (몇) Ⓑ

| | | |
|---|---|---|
| ① 3 | ⑤ 8 | ⑨ 3 |
| ② 9 | ⑥ 9 | ⑩ 8 |
| ③ 8 | ⑦ 6 | ⑪ 6 |
| ④ 7 | ⑧ 9 | ⑫ 2 |

### 87쪽

| | | |
|---|---|---|
| ⑬ 5 | ⑱ 4 | ㉓ 5 |
| ⑭ 8 | ⑲ 8 | ㉔ 4 |
| ⑮ 5 | ⑳ 5 | ㉕ 6 |
| ⑯ 6 | ㉑ 4 | ㉖ 7 |
| ⑰ 7 | ㉒ 7 | ㉗ 7 |

## 88쪽 05 받아내림이 있는 (십몇) − (몇) C

| | | |
|---|---|---|
| ❶ 2, 2, 7 | ❺ 1, 1, 3 | ❾ 4, 4, 9 |
| ❷ 3, 3, 9 | ❻ 4, 4, 5 | ❿ 1, 1, 9 |
| ❸ 6, 6, 9 | ❼ 7, 7, 9 | ⓫ 2, 2, 4 |
| ❹ 1, 1, 7 | ❽ 5, 5, 9 | ⓬ 6, 6, 8 |

## 89쪽

| | | |
|---|---|---|
| ⓭ 8 | ⓳ 6 | 25 8 |
| ⓮ 4 | ⓴ 6 | 26 7 |
| ⓯ 5 | 21 8 | 27 8 |
| ⓰ 7 | 22 8 | 28 8 |
| ⓱ 5 | 23 3 | 29 5 |
| ⓲ 7 | 24 7 | 30 9 |

교과서 연계 연산 강화 프로젝트
속도와 정확성을 동시에 잡는 연산 훈련서

쌤과 맘이 만든

# 쌍둥이 연산노트

초등 2단계

# 1·2

## 복습책

1일 2쪽
한 달 완성

이젠교육
EZEN EDUCATION

**이젠수학연구소 지음**

이젠수학연구소는 유아에서 초중고까지 학생들이 수학의 바른길을 찾아갈 수 있도록 수학 학습법을 연구하는 이젠교육의 수학 연구소입니다. 수학 실력은 하루아침에 완성되지 않으며, 다양한 경험을 통해 발달합니다. 그길에 친구가 되고자 노력합니다.

**쌤과 맘이 만든**

## 쌍둥이 연산 노트 1-2 복습책 (초등 2단계)


| | | | |
|---|---|---|---|
| 지 은 이 | 이젠수학연구소 | 개발책임 | 최철훈 |
| 펴 낸 이 | 임요병 | 편 집 | ㈜성지이디피 |
| 펴 낸 곳 | ㈜이젠미디어 | 디 자 인 | 이순주, 최수연 |
| 출판등록 | 제 2020-000073호 | 제 작 | 이성기 |
| 주 소 | 서울시 영등포구 양평로 22길 21 코오롱디지털타워 404호 | 마 케 팅 | 김남미 |
| 전 화 | (02)324-1600 | 인스타그램 | @ezeneducation |
| 팩 스 | (031)941-9611 | 블 로 그 | http://blog.naver.com/ezeneducation |

**@이젠교육**

ISBN 979-11-90880-52-7

쌤과 맘이 만든

# 쌍둥이 연산노트

초등 2단계

# 1·2

# 복습책

# 한눈에 보기

## 1학년

### 1학기

| 단원 | 학습 내용 |
|---|---|
| 9까지의 수 | · 9까지의 수의 순서 알기<br>· 수를 세어 크기 비교하기 |
| 덧셈 | · 9까지의 수 모으기<br>· 합이 9까지인 덧셈하기 |
| 뺄셈 | · 9까지의 수 가르기<br>· 한 자리 수의 뺄셈하기 |
| 50까지의 수 | · 십몇 알고 모으기와 가르기<br>· 50까지의 수의 순서 알기<br>· 50까지의 수의 크기 비교 |

### 2학기

| 단원 | 학습 내용 |
|---|---|
| 100까지의 수 | · 100까지의 수의 순서 알기<br>· 100까지 수의 크기 비교하기 |
| 덧셈(1) | · (몇십몇)+(몇십몇)<br>· 합이 한 자리 수인 세 수의 덧셈 |
| 뺄셈(1) | · (몇십몇)−(몇십몇)<br>· 계산 결과가 한 자리 수인 세 수의 뺄셈 |
| 덧셈(2) | · 세 수의 덧셈<br>· 받아올림이 있는 (몇)+(몇) |
| 뺄셈(2) | · 세 수의 뺄셈<br>· 받아내림이 있는 (십몇)−(몇) |

## 2학년

### 1학기

| 단원 | 학습 내용 |
|---|---|
| 세 자리 수 | · 세 자리 수의 자릿값 알기<br>· 수의 크기 비교 |
| 덧셈 | · 받아올림이 있는 (두 자리 수)+(두 자리 수)<br>· 세 수의 덧셈 |
| 뺄셈 | · 받아내림이 있는 (두 자리 수)−(두 자리 수)<br>· 세 수의 뺄셈 |
| 곱셈 | · 몇 배인지 알아보기<br>· 곱셈식으로 나타내기 |

### 2학기

| 단원 | 학습 내용 |
|---|---|
| 네 자리 수 | · 네 자리 수 알기<br>· 두 수의 크기 비교 |
| 곱셈구구 | · 2~9단 곱셈구구<br>· 1의 단, 0과 어떤 수의 곱 |
| 길이 재기 | · 길이의 합<br>· 길이의 차 |
| 시각과 시간 | · 시각 읽기<br>· 시각과 분 사이의 관계<br>· 하루, 1주일, 달력 알기 |

## 3학년

### 1학기

| 단원 | 학습 내용 |
|---|---|
| 덧셈 | · 받아올림이 있는 (세 자리 수)+(세 자리 수) |
| 뺄셈 | · 받아내림이 있는 (세 자리 수)−(세 자리 수) |
| 나눗셈 | · 곱셈과 나눗셈의 관계<br>· 나눗셈의 몫 구하기 |
| 곱셈 | · 올림이 있는 (몇십몇)×(몇) |
| 길이와 시간의 덧셈과 뺄셈 | · 길이의 덧셈과 뺄셈<br>· 시간의 덧셈과 뺄셈 |
| 분수와 소수 | · 분모가 같은 분수의 크기 비교<br>· 소수의 크기 비교 |

### 2학기

| 단원 | 학습 내용 |
|---|---|
| 곱셈 | · 올림이 있는 (세 자리 수)×(한 자리 수)<br>· 올림이 있는 (몇십몇)×(몇십몇) |
| 나눗셈 | · 나머지가 있는 (몇십몇)÷(몇)<br>· 나머지가 있는 (세 자리 수)÷(한 자리 수) |
| 분수 | · 진분수, 가분수, 대분수<br>· 대분수를 가분수로 나타내기<br>· 가분수를 대분수로 나타내기<br>· 분모가 같은 분수의 크기 비교 |
| 들이와 무게 | · 들이의 덧셈과 뺄셈<br>· 무게의 덧셈과 뺄셈 |

**쌍둥이 연산 노트**는 **수학 교과서의 연산과 관련된 모든 영역의 문제를**
학교 수업 차시에 맞게 구성하였습니다.

## 4학년

### 1학기

| 단원 | 학습 내용 |
|---|---|
| 큰 수 | · 다섯 자리 수<br>· 천만, 천억, 천조 알기<br>· 수의 크기 비교 |
| 각도 | · 각도의 합과 차<br>· 삼각형의 세 각의 크기의 합<br>· 사각형의 네 각의 크기의 합 |
| 곱셈 | · (몇백)×(몇십)<br>· (세 자리 수)×(두 자리 수) |
| 나눗셈 | · (몇백몇십)÷(몇십)<br>· (세 자리 수)÷(두 자리 수) |

### 2학기

| 단원 | 학습 내용 |
|---|---|
| 분수의 덧셈 | · 분모가 같은 분수의 덧셈<br>· 진분수 부분의 합이 1보다 큰 대분수의 덧셈 |
| 분수의 뺄셈 | · 분모가 같은 분수의 뺄셈<br>· 받아내림이 있는 대분수의 뺄셈 |
| 소수의 덧셈 | · (소수 두 자리 수)+(소수 두 자리 수)<br>· 자릿수가 다른 소수의 덧셈 |
| 소수의 뺄셈 | · (소수 두 자리 수)−(소수 두 자리 수)<br>· 자릿수가 다른 소수의 뺄셈 |
| 다각형 | · 삼각형, 평행사변형, 마름모, 직사각형의 각도와 길이 구하기 |

## 5학년

### 1학기

| 단원 | 학습 내용 |
|---|---|
| 자연수의 혼합 계산 | · 덧셈, 뺄셈, 곱셈, 나눗셈이 섞여 있는 식 계산하기 |
| 약수와 배수 | · 약수와 배수<br>· 최대공약수와 최소공배수 |
| 약분과 통분 | · 약분과 통분<br>· 분수와 소수의 크기 비교 |
| 분수의 덧셈과 뺄셈 | · 받아올림이 있는 분수의 덧셈<br>· 받아내림이 있는 분수의 뺄셈 |
| 다각형의 둘레와 넓이 | · 정다각형의 둘레<br>· 사각형, 평행사변형, 삼각형, 마름모, 사다리꼴의 넓이 |

### 2학기

| 단원 | 학습 내용 |
|---|---|
| 어림하기 | · 올림, 버림, 반올림 |
| 분수의 곱셈 | · (분수)×(자연수)<br>· (자연수)×(분수)<br>· (분수)×(분수)<br>· 세 분수의 곱셈 |
| 소수의 곱셈 | · (소수)×(자연수)<br>· (자연수)×(소수)<br>· (소수)×(소수)<br>· 곱의 소수점의 위치 |
| 자료의 표현 | · 평균 구하기 |

## 6학년

### 1학기

| 단원 | 학습 내용 |
|---|---|
| 분수의 나눗셈 | · (자연수)÷(자연수)<br>· (분수)÷(자연수) |
| 소수의 나눗셈 | · (소수)÷(자연수)<br>· (자연수)÷(자연수) |
| 비와 비율 | · 비와 비율 구하기<br>· 비율을 백분율, 백분율을 비율로 나타내기 |
| 직육면체의 부피와 겉넓이 | · 직육면체의 부피와 겉넓이<br>· 정육면체의 부피와 겉넓이 |

### 2학기

| 단원 | 학습 내용 |
|---|---|
| 분수의 나눗셈 | · (진분수)÷(진분수)<br>· (자연수)÷(분수)<br>· (대분수)÷(대분수) |
| 소수의 나눗셈 | · (소수)÷(소수)<br>· (자연수)÷(소수)<br>· 몫을 반올림하여 나타내기 |
| 비례식과 비례배분 | · 간단한 자연수의 비로 나타내기<br>· 비례식과 비례배분 |
| 원주와 원의 넓이 | · 원주, 지름, 반지름 구하기<br>· 원의 넓이 구하기 |

쌍둥이 연산 노트

# 구성과 유의점

| 단원 | 학습 내용 | 지도 시 유의점 | 표준 시간 |
|---|---|---|---|
| 100까지의 수 | 01 99까지의 수 알기 | · 몇십몇을 10개씩 묶음과 낱개 몇 개로 표현하고 수를 읽는 활동을 통해 수의 구조를 이해하게 합니다. | 7분 |
| | 02 100까지의 수의 순서 알기 | 51부터 100까지의 수 중 하나의 수를 말하면 그 수보다 1만큼 더 큰 수와 1만큼 더 작은 수를 말하도록 합니다. | 7분 |
| | 03 100까지의 수의 크기 비교(1) | · 10개씩 묶음과 낱개로 수를 나타내어 수의 크기를 비교하는 방법을 이해하게 합니다.<br>· 두 수의 크기를 비교하여 기호로 나타내도록 합니다. | 12분 |
| | 04 100까지의 수의 크기 비교(2) | | 12분 |
| 덧셈(1) | 01 (몇십)+(몇), (몇)+(몇십)(1) | · 받아올림이 없는 (몇십)+(몇), (몇)+(몇십)의 계산 원리를 이해하게 합니다.<br>· 구체물을 사용하여 수를 나타내고 계산의 형식을 이해하게 합니다. | 13분 |
| | 02 (몇십)+(몇), (몇)+(몇십)(2) | | 13분 |
| | 03 (몇십)+(몇), (몇)+(몇십)(3) | | 15분 |
| | 04 (몇십몇)+(몇), (몇)+(몇십몇)(1) | · 받아올림이 없는 (몇십몇)+(몇), (몇)+(몇십몇)의 계산 원리를 이해하게 합니다.<br>· 구체물을 사용하여 수를 나타내고 계산의 형식을 이해하게 합니다. | 13분 |
| | 05 (몇십몇)+(몇), (몇)+(몇십몇)(2) | | 13분 |
| | 06 (몇십몇)+(몇), (몇)+(몇십몇)(3) | | 15분 |
| | 07 (몇십)+(몇십)(1) | · 받아올림이 없는 (몇십)+(몇십)의 계산 원리를 이해하게 합니다.<br>· 구체물을 사용하여 수를 나타내고 계산의 형식을 이해하게 합니다. | 13분 |
| | 08 (몇십)+(몇십)(2) | | 13분 |
| | 09 (몇십)+(몇십)(3) | | 15분 |
| | 10 (몇십몇)+(몇십몇)(1) | · 받아올림이 없는 (몇십몇)+(몇십몇)의 계산 원리를 이해하게 합니다.<br>· 구체물을 사용하여 수를 나타내고 계산의 형식을 이해하게 합니다. | 13분 |
| | 11 (몇십몇)+(몇십몇)(2) | | 13분 |
| | 12 (몇십몇)+(몇십몇)(3) | | 15분 |
| | 13 합이 한 자리 수인 세 수의 덧셈 | 여러 가지 방법으로 덧셈을 할 수 있게 합니다. | 15분 |
| 뺄셈(1) | 01 (몇십)−(몇십)(1) | · 받아내림이 없는 (몇십)−(몇십)의 계산 원리를 이해하게 합니다.<br>· 구체물을 사용하여 수를 나타내고 계산의 형식을 이해하게 합니다. | 13분 |
| | 02 (몇십)−(몇십)(2) | | 13분 |
| | 03 (몇십)−(몇십)(3) | | 15분 |
| | 04 (몇십몇)−(몇)(1) | · 받아내림이 없는 (몇십몇)−(몇)의 계산 원리를 이해하게 합니다.<br>· 구체물을 사용하여 수를 나타내고 계산의 형식을 이해하게 합니다. | 13분 |
| | 05 (몇십몇)−(몇)(2) | | 13분 |
| | 06 (몇십몇)−(몇)(3) | | 15분 |

◆ 차시별 2쪽 구성으로 차시의 중요도별로 A~C단계로 2~6쪽까지 집중적으로 학습할 수 있습니다.
◆ 차시별 예습 2쪽+복습 2쪽 구성으로 시기별로 2번 반복할 수 있습니다.

| 단원 | 학습 내용 | 지도 시 유의점 | 표준 시간 |
|---|---|---|---|
| 뺄셈(1) | 07 (몇십몇)−(몇십)(1) | · 받아내림이 없는 (몇십몇)−(몇십)의 계산 원리를 이해하게 합니다.<br>· 구체물을 사용하여 수를 나타내고 계산의 형식을 이해하게 합니다. | 13분 |
| | 08 (몇십몇)−(몇십)(2) | | 13분 |
| | 09 (몇십몇)−(몇십)(3) | | 15분 |
| | 10 (몇십몇)−(몇십몇)(1) | · 받아내림이 없는 (몇십몇)−(몇십몇)의 계산 원리를 이해하게 합니다.<br>· 구체물을 사용하여 수를 나타내고 계산의 형식을 이해하게 합니다. | 13분 |
| | 11 (몇십몇)−(몇십몇)(2) | | 13분 |
| | 12 (몇십몇)−(몇십몇)(3) | | 15분 |
| | 13 계산 결과가 한 자리 수인 세 수의 뺄셈 | 여러 가지 방법으로 뺄셈을 할 수 있게 합니다. | 13분 |
| | 14 덧셈과 뺄셈의 관계 알기 | · 덧셈식은 순서를 바꾸어 더해도 결과가 같음을 알게 합니다.<br>· 뺄셈식은 반드시 큰 수에서 작은 수를 빼야 함을 알게 합니다. | 9분 |
| 덧셈(2) | 01 세 수의 덧셈 | 한 자리 수인 세 수의 덧셈 계산 원리를 이해하게 합니다. | 13분 |
| | 02 10이 되는 더하기 | 구체물을 이용한 활동을 통해 10이 되도록 두 수를 더하게 합니다. | 13분 |
| | 03 10을 만들어 더하기 | 합이 10이 되는 두 수를 이용하여 세 수의 덧셈을 하게 합니다. | 13분 |
| | 04 받아올림이 있는 (몇)+(몇)(1) | 덧셈 상황을 인식하고 여러 가지 방법으로 (몇)+(몇)=(십몇)을 계산할 수 있게 합니다. | 13분 |
| | 05 받아올림이 있는 (몇)+(몇)(2) | | 13분 |
| | 06 받아올림이 있는 (몇)+(몇)(3) | | 15분 |
| 뺄셈(2) | 01 세 수의 뺄셈 | 한 자리 수인 세 수의 뺄셈 계산 원리를 이해하게 합니다. | 9분 |
| | 02 10에서 빼기 | 구체물을 이용한 덜어 내기 활동을 통해 10에서 빼게 합니다. | 13분 |
| | 03 받아내림이 있는 (십몇)−(몇)(1) | 뺄셈 상황을 인식하고 여러 가지 방법으로 (십몇)−(몇)=(몇)을 계산할 수 있게 합니다. | 13분 |
| | 04 받아내림이 있는 (십몇)−(몇)(2) | | 13분 |
| | 05 받아내림이 있는 (십몇)−(몇)(3) | | 15분 |

# 01 99까지의 수 알기

복습 A

빈 곳에 알맞은 수를 써넣으세요.

1

| 10개씩 묶음 | 낱개 |
|---|---|
| 5 | 4 |

숫자 5는 50을 나타내요.

2

| 10개씩 묶음 | 낱개 |
|---|---|
| 8 | 6 |

3

| 10개씩 묶음 | 낱개 |
|---|---|
| 9 | 3 |

4

| 10개씩 묶음 | 낱개 |
|---|---|
| 7 | 7 |

5

| 10개씩 묶음 | 낱개 |
|---|---|
| 5 | 1 |

6

| 10개씩 묶음 | 낱개 |
|---|---|
| 9 | 6 |

7

| 10개씩 묶음 | 낱개 |
|---|---|
| 7 | 4 |

8

| 10개씩 묶음 | 낱개 |
|---|---|
| 5 | 6 |

9

| 10개씩 묶음 | 낱개 |
|---|---|
| 9 | 9 |

10

| 10개씩 묶음 | 낱개 |
|---|---|
| 6 | 0 |

정답 92쪽

| 공부한 날짜 | 맞힌 개수 | 걸린 시간 |
| --- | --- | --- |
| 월 일 | /20 | 분 |

두 가지 방법으로 읽어 보세요.

⑪

| 수 | 82 | |
| --- | --- | --- |
| 읽기 | | |

⑫

| 수 | 55 | |
| --- | --- | --- |
| 읽기 | | |

⑬

| 수 | 89 | |
| --- | --- | --- |
| 읽기 | | |

⑭

| 수 | 97 | |
| --- | --- | --- |
| 읽기 | | |

⑮

| 수 | 69 | |
| --- | --- | --- |
| 읽기 | | |

⑯

| 수 | 94 | |
| --- | --- | --- |
| 읽기 | | |

⑰

| 수 | 71 | |
| --- | --- | --- |
| 읽기 | | |

⑱

| 수 | 79 | |
| --- | --- | --- |
| 읽기 | | |

⑲

| 수 | 58 | |
| --- | --- | --- |
| 읽기 | | |

⑳

| 수 | 83 | |
| --- | --- | --- |
| 읽기 | | |

# 02 100까지의 수의 순서 알기 복습 A

순서에 맞게 빈 곳에 알맞은 수를 써넣으세요.

❶

| | | | | | | | | | |
|---|---|---|---|---|---|---|---|---|---|
| 80 | | 82 | | 84 | | 86 | | 88 | 89 |

수를 순서대로 쓰면 낱개의 수가 1씩 커져요.

❷

| | | | | | | | | | |
|---|---|---|---|---|---|---|---|---|---|
| | | | 71 | | 73 | 74 | 75 | 76 | 77 |

❸

| | | | | | | | | | |
|---|---|---|---|---|---|---|---|---|---|
| 59 | | | 62 | | | 65 | 66 | 67 | 68 |

❹

| | | | | | | | | | |
|---|---|---|---|---|---|---|---|---|---|
| | 73 | 74 | 75 | | 77 | 78 | | 80 | |

❺

| | | | | | | | | | |
|---|---|---|---|---|---|---|---|---|---|
| | 87 | 88 | 89 | | 91 | | 93 | 94 | |

❻

| | | | | | | | | | |
|---|---|---|---|---|---|---|---|---|---|
| | 84 | | 86 | | 88 | | 90 | 91 | 92 |

정답 92쪽

| 공부한 날짜 | 맞힌 개수 | 걸린 시간 |
|---|---|---|
| 월 일 | /18 | 분 |

빈 곳에 알맞은 수를 써넣으세요.

❼

| | | | | |
|---|---|---|---|---|
| 93 | 94 | | | 97 |

❽

| | | | | |
|---|---|---|---|---|
| | | 72 | 73 | 74 |

❾

| | | | | |
|---|---|---|---|---|
| | 68 | 69 | | 71 |

❿

| | | | | |
|---|---|---|---|---|
| 51 | | 53 | 54 | |

⓫

| | | | | |
|---|---|---|---|---|
| 82 | | 84 | | 86 |

⓬

| | | | | |
|---|---|---|---|---|
| 57 | | 59 | 60 | |

⓭

| | | | | |
|---|---|---|---|---|
| 54 | | | 57 | 58 |

⓮

| | | | | |
|---|---|---|---|---|
| 88 | 89 | 90 | | |

⓯

| | | | | |
|---|---|---|---|---|
| 81 | 82 | | 84 | |

⓰

| | | | | |
|---|---|---|---|---|
| | 65 | 66 | 67 | |

⓱

| | | | | |
|---|---|---|---|---|
| | 88 | | 90 | 91 |

⓲

| | | | | |
|---|---|---|---|---|
| | 67 | 68 | | 70 |

# 03 100까지의 수의 크기 비교 복습 A

○ 안에 >, <를 사용하여 나타내세요.

1. 64 ○ 85
2. 74 ○ 91
3. 63 ○ 79
4. 80 ○ 51
5. 54 ○ 75
6. 53 ○ 97
7. 67 ○ 77
8. 71 ○ 55
9. 70 ○ 87
10. 50 ○ 98
11. 60 ○ 94
12. 52 ○ 82
13. 65 ○ 76
14. 88 ○ 56
15. 58 ○ 66
16. 73 ○ 89
17. 92 ○ 62
18. 78 ○ 84
19. 81 ○ 69
20. 95 ○ 57
21. 90 ○ 61

정답 92쪽

| 공부한 날짜 | 맞힌 개수 | 걸린 시간 |
| --- | --- | --- |
| 월 일 | /45 | 분 |

더 큰 수에 ○표 하세요.

㉒ 93 | 77

㉖ 89 | 55

㉚ 80 | 92

㉓ 52 | 87

㉗ 95 | 57

㉛ 53 | 67

㉔ 51 | 66

㉘ 79 | 99

㉜ 81 | 68

㉕ 91 | 86

㉙ 64 | 76

㉝ 60 | 90

더 작은 수에 △표 하세요.

㉞ 94 | 62

㊳ 73 | 58

㊷ 83 | 56

㉟ 85 | 63

㊴ 75 | 84

㊸ 69 | 74

㊱ 73 | 50

㊵ 82 | 72

㊹ 63 | 87

㊲ 64 | 94

㊶ 58 | 92

㊺ 80 | 55

# 04 100까지의 수의 크기 비교 복습 B

○ 안에 >, <를 사용하여 나타내세요.

1. 94 ○ 99
2. 79 ○ 72
3. 67 ○ 66
4. 89 ○ 86
5. 68 ○ 65
6. 92 ○ 91
7. 56 ○ 59
8. 85 ○ 88
9. 87 ○ 80
10. 83 ○ 81
11. 71 ○ 74
12. 58 ○ 50
13. 97 ○ 95
14. 64 ○ 69
15. 57 ○ 55
16. 98 ○ 93
17. 52 ○ 54
18. 63 ○ 62
19. 77 ○ 78
20. 70 ○ 76
21. 75 ○ 73

정답 92쪽

| 공부한 날짜 | 맞힌 개수 | 걸린 시간 |
| --- | --- | --- |
| 월 일 | /37 | 분 |

가장 큰 수에 ○표 하세요.

㉒ 62 69 61

㉓ 57 56 58

㉔ 82 88 80

㉕ 59 53 50

㉖ 71 76 74

㉗ 97 90 91

㉘ 73 79 78

㉙ 85 81 87

가장 작은 수에 △표 하세요.

㉚ 74 78 77

㉛ 67 65 63

㉜ 70 73 71

㉝ 50 56 55

㉞ 89 83 88

㉟ 91 93 98

㊱ 52 54 59

㊲ 86 84 81

# 01 (몇십)+(몇), (몇)+(몇십) 복습 A

덧셈을 하세요.

❶

| | | |
|---|---|---|
| | 2 | 0 |
| + | | 2 |
| | | |

①0+2=2
②2를 그대로 내려 써요.

❷

| | | |
|---|---|---|
| | 1 | 0 |
| + | | 8 |
| | | |

❸

| | | |
|---|---|---|
| | 5 | 0 |
| + | | 4 |
| | | |

❹

| | | |
|---|---|---|
| | 3 | 0 |
| + | | 9 |
| | | |

❺

| | | |
|---|---|---|
| | 5 | 0 |
| + | | 1 |
| | | |

❻

| | | |
|---|---|---|
| | 7 | 0 |
| + | | 4 |
| | | |

❼

| | | |
|---|---|---|
| | 7 | 0 |
| + | | 5 |
| | | |

❽

| | | |
|---|---|---|
| | 9 | 0 |
| + | | 5 |
| | | |

❾

| | | |
|---|---|---|
| | 5 | 0 |
| + | | 2 |
| | | |

❿

| | | |
|---|---|---|
| | 7 | 0 |
| + | | 2 |
| | | |

⓫

| | | |
|---|---|---|
| | 5 | 0 |
| + | | 3 |
| | | |

⓬

| | | |
|---|---|---|
| | 4 | 0 |
| + | | 3 |
| | | |

⓭

| | | |
|---|---|---|
| | 8 | 0 |
| + | | 7 |
| | | |

⓮

| | | |
|---|---|---|
| | 6 | 0 |
| + | | 8 |
| | | |

⓯

| | | |
|---|---|---|
| | 6 | 0 |
| + | | 1 |
| | | |

정답 93쪽

| 공부한 날짜 | 맞힌 개수 | 걸린 시간 |
|---|---|---|
| 월 일 | /30 | 분 |

덧셈을 하세요.

⑯
$$\begin{array}{r} 8 \\ +\ 40 \\ \hline \end{array}$$

㉑
$$\begin{array}{r} 1 \\ +\ 80 \\ \hline \end{array}$$

㉖
$$\begin{array}{r} 3 \\ +\ 60 \\ \hline \end{array}$$

⑰
$$\begin{array}{r} 6 \\ +\ 40 \\ \hline \end{array}$$

㉒
$$\begin{array}{r} 8 \\ +\ 90 \\ \hline \end{array}$$

㉗
$$\begin{array}{r} 9 \\ +\ 10 \\ \hline \end{array}$$

⑱
$$\begin{array}{r} 5 \\ +\ 40 \\ \hline \end{array}$$

㉓
$$\begin{array}{r} 3 \\ +\ 90 \\ \hline \end{array}$$

㉘
$$\begin{array}{r} 1 \\ +\ 70 \\ \hline \end{array}$$

⑲
$$\begin{array}{r} 7 \\ +\ 50 \\ \hline \end{array}$$

㉔
$$\begin{array}{r} 5 \\ +\ 30 \\ \hline \end{array}$$

㉙
$$\begin{array}{r} 4 \\ +\ 10 \\ \hline \end{array}$$

⑳
$$\begin{array}{r} 7 \\ +\ 10 \\ \hline \end{array}$$

㉕
$$\begin{array}{r} 4 \\ +\ 60 \\ \hline \end{array}$$

㉚
$$\begin{array}{r} 5 \\ +\ 50 \\ \hline \end{array}$$

# 02 (몇십) + (몇), (몇) + (몇십) 복습 B

덧셈을 하세요.

1. $\begin{array}{r} 60 \\ +\ \ 2 \\ \hline \end{array}$

2. $\begin{array}{r} 40 \\ +\ \ 1 \\ \hline \end{array}$

3. $\begin{array}{r} 50 \\ +\ \ 9 \\ \hline \end{array}$

4. $\begin{array}{r} 70 \\ +\ \ 2 \\ \hline \end{array}$

5. $\begin{array}{r} 70 \\ +\ \ 5 \\ \hline \end{array}$

6. $\begin{array}{r} 10 \\ +\ \ 5 \\ \hline \end{array}$

7. $\begin{array}{r} 70 \\ +\ \ 6 \\ \hline \end{array}$

8. $\begin{array}{r} 80 \\ +\ \ 6 \\ \hline \end{array}$

9. $\begin{array}{r} 80 \\ +\ \ 3 \\ \hline \end{array}$

10. $\begin{array}{r} 90 \\ +\ \ 2 \\ \hline \end{array}$

11. $\begin{array}{r} 20 \\ +\ \ 3 \\ \hline \end{array}$

12. $\begin{array}{r} 90 \\ +\ \ 8 \\ \hline \end{array}$

13. $\begin{array}{r} 30 \\ +\ \ 9 \\ \hline \end{array}$

14. $\begin{array}{r} 30 \\ +\ \ 5 \\ \hline \end{array}$

15. $\begin{array}{r} 20 \\ +\ \ 6 \\ \hline \end{array}$

정답 93쪽

| 공부한 날짜 | 맞힌 개수 | 걸린 시간 |
| --- | --- | --- |
| 월 일 | /30 | 분 |

덧셈을 하세요.

⑯
$$\begin{array}{r} 9 \\ +\ 90 \\ \hline \end{array}$$

⑰
$$\begin{array}{r} 3 \\ +\ 40 \\ \hline \end{array}$$

⑱
$$\begin{array}{r} 7 \\ +\ 30 \\ \hline \end{array}$$

⑲
$$\begin{array}{r} 3 \\ +\ 70 \\ \hline \end{array}$$

⑳
$$\begin{array}{r} 4 \\ +\ 50 \\ \hline \end{array}$$

㉑
$$\begin{array}{r} 4 \\ +\ 80 \\ \hline \end{array}$$

㉒
$$\begin{array}{r} 7 \\ +\ 60 \\ \hline \end{array}$$

㉓
$$\begin{array}{r} 5 \\ +\ 40 \\ \hline \end{array}$$

㉔
$$\begin{array}{r} 3 \\ +\ 50 \\ \hline \end{array}$$

㉕
$$\begin{array}{r} 2 \\ +\ 20 \\ \hline \end{array}$$

㉖
$$\begin{array}{r} 1 \\ +\ 20 \\ \hline \end{array}$$

㉗
$$\begin{array}{r} 2 \\ +\ 80 \\ \hline \end{array}$$

㉘
$$\begin{array}{r} 2 \\ +\ 10 \\ \hline \end{array}$$

㉙
$$\begin{array}{r} 9 \\ +\ 70 \\ \hline \end{array}$$

㉚
$$\begin{array}{r} 2 \\ +\ 40 \\ \hline \end{array}$$

# 03 (몇십)+(몇), (몇)+(몇십) 복습 C

덧셈을 하세요.

0+4=0

1. 60+4=□

십의 자리에 그대로 써요.

7. 20+6=□

13. 60+9=□

2. 30+3=□

8. 10+4=□

14. 40+8=□

3. 50+8=□

9. 80+1=□

15. 80+6=□

4. 80+2=□

10. 20+5=□

16. 70+3=□

5. 80+4=□

11. 70+5=□

17. 70+6=□

6. 60+8=□

12. 50+5=□

18. 30+7=□

정답 93쪽

| 공부한 날짜 | 맞힌 개수 | 걸린 시간 |
| --- | --- | --- |
| 월 일 | /36 | 분 |

덧셈을 하세요.

⑲ $6+90=\square$ (6+0=6, 십의 자리에 그대로 써요.)

⑳ $2+40=\square$

㉑ $2+10=\square$

㉒ $3+20=\square$

㉓ $1+50=\square$

㉔ $5+10=\square$

㉕ $1+20=\square$

㉖ $5+70=\square$

㉗ $9+20=\square$

㉘ $7+80=\square$

㉙ $5+50=\square$

㉚ $2+90=\square$

㉛ $2+60=\square$

㉜ $6+50=\square$

㉝ $8+10=\square$

㉞ $2+30=\square$

㉟ $6+40=\square$

㊱ $3+70=\square$

# 04 (몇십몇)+(몇), (몇)+(몇십몇) 복습 A

덧셈을 하세요.

❶

| | | |
|---|---|---|
| | 5 | 4 |
| + | | 3 |
| | | |

└ ① 4+3=7
└ ② 5를 그대로 내려 써요.

❷

| | | |
|---|---|---|
| | 6 | 1 |
| + | | 5 |
| | | |

❸

| | | |
|---|---|---|
| | 4 | 2 |
| + | | 2 |
| | | |

❹

| | | |
|---|---|---|
| | 3 | 6 |
| + | | 1 |
| | | |

❺

| | | |
|---|---|---|
| | 2 | 2 |
| + | | 3 |
| | | |

❻

| | | |
|---|---|---|
| | 1 | 2 |
| + | | 6 |
| | | |

❼

| | | |
|---|---|---|
| | 9 | 4 |
| + | | 4 |
| | | |

❽

| | | |
|---|---|---|
| | 1 | 3 |
| + | | 3 |
| | | |

❾

| | | |
|---|---|---|
| | 8 | 3 |
| + | | 2 |
| | | |

❿

| | | |
|---|---|---|
| | 7 | 4 |
| + | | 1 |
| | | |

⓫

| | | |
|---|---|---|
| | 4 | 1 |
| + | | 3 |
| | | |

⓬

| | | |
|---|---|---|
| | 7 | 3 |
| + | | 2 |
| | | |

⓭

| | | |
|---|---|---|
| | 1 | 1 |
| + | | 5 |
| | | |

⓮

| | | |
|---|---|---|
| | 5 | 2 |
| + | | 5 |
| | | |

⓯

| | | |
|---|---|---|
| | 6 | 3 |
| + | | 2 |
| | | |

정답 93쪽

| 공부한 날짜 | 맞힌 개수 | 걸린 시간 |
| --- | --- | --- |
| 월 일 | /30 | 분 |

덧셈을 하세요.

⑯ $\begin{array}{r} 4 \\ +\ 72 \\ \hline \end{array}$

㉑ $\begin{array}{r} 5 \\ +\ 53 \\ \hline \end{array}$

㉖ $\begin{array}{r} 7 \\ +\ 82 \\ \hline \end{array}$

⑰ $\begin{array}{r} 4 \\ +\ 92 \\ \hline \end{array}$

㉒ $\begin{array}{r} 2 \\ +\ 14 \\ \hline \end{array}$

㉗ $\begin{array}{r} 1 \\ +\ 45 \\ \hline \end{array}$

⑱ $\begin{array}{r} 4 \\ +\ 84 \\ \hline \end{array}$

㉓ $\begin{array}{r} 2 \\ +\ 27 \\ \hline \end{array}$

㉘ $\begin{array}{r} 8 \\ +\ 81 \\ \hline \end{array}$

⑲ $\begin{array}{r} 5 \\ +\ 91 \\ \hline \end{array}$

㉔ $\begin{array}{r} 4 \\ +\ 83 \\ \hline \end{array}$

㉙ $\begin{array}{r} 3 \\ +\ 66 \\ \hline \end{array}$

⑳ $\begin{array}{r} 3 \\ +\ 75 \\ \hline \end{array}$

㉕ $\begin{array}{r} 2 \\ +\ 66 \\ \hline \end{array}$

㉚ $\begin{array}{r} 5 \\ +\ 33 \\ \hline \end{array}$

# 05 (몇십몇)+(몇), (몇)+(몇십몇) 복습 B

덧셈을 하세요.

1. $\begin{array}{r} 42 \\ +\ \ 4 \\ \hline \end{array}$

2. $\begin{array}{r} 51 \\ +\ \ 6 \\ \hline \end{array}$

3. $\begin{array}{r} 64 \\ +\ \ 3 \\ \hline \end{array}$

4. $\begin{array}{r} 61 \\ +\ \ 3 \\ \hline \end{array}$

5. $\begin{array}{r} 12 \\ +\ \ 4 \\ \hline \end{array}$

6. $\begin{array}{r} 37 \\ +\ \ 1 \\ \hline \end{array}$

7. $\begin{array}{r} 71 \\ +\ \ 7 \\ \hline \end{array}$

8. $\begin{array}{r} 23 \\ +\ \ 3 \\ \hline \end{array}$

9. $\begin{array}{r} 51 \\ +\ \ 2 \\ \hline \end{array}$

10. $\begin{array}{r} 22 \\ +\ \ 2 \\ \hline \end{array}$

11. $\begin{array}{r} 84 \\ +\ \ 3 \\ \hline \end{array}$

12. $\begin{array}{r} 93 \\ +\ \ 6 \\ \hline \end{array}$

13. $\begin{array}{r} 72 \\ +\ \ 3 \\ \hline \end{array}$

14. $\begin{array}{r} 11 \\ +\ \ 8 \\ \hline \end{array}$

15. $\begin{array}{r} 32 \\ +\ \ 3 \\ \hline \end{array}$

정답 94쪽

| 공부한 날짜 | 맞힌 개수 | 걸린 시간 |
| --- | --- | --- |
| 월 일 | /30 | 분 |

덧셈을 하세요.

⑯ $\begin{array}{r} 2 \\ +\ 36 \\ \hline \end{array}$

⑰ $\begin{array}{r} 1 \\ +\ 62 \\ \hline \end{array}$

⑱ $\begin{array}{r} 6 \\ +\ 92 \\ \hline \end{array}$

⑲ $\begin{array}{r} 5 \\ +\ 54 \\ \hline \end{array}$

⑳ $\begin{array}{r} 7 \\ +\ 42 \\ \hline \end{array}$

㉑ $\begin{array}{r} 2 \\ +\ 71 \\ \hline \end{array}$

㉒ $\begin{array}{r} 1 \\ +\ 95 \\ \hline \end{array}$

㉓ $\begin{array}{r} 7 \\ +\ 12 \\ \hline \end{array}$

㉔ $\begin{array}{r} 5 \\ +\ 94 \\ \hline \end{array}$

㉕ $\begin{array}{r} 2 \\ +\ 97 \\ \hline \end{array}$

㉖ $\begin{array}{r} 2 \\ +\ 85 \\ \hline \end{array}$

㉗ $\begin{array}{r} 2 \\ +\ 45 \\ \hline \end{array}$

㉘ $\begin{array}{r} 4 \\ +\ 82 \\ \hline \end{array}$

㉙ $\begin{array}{r} 2 \\ +\ 52 \\ \hline \end{array}$

㉚ $\begin{array}{r} 1 \\ +\ 21 \\ \hline \end{array}$

# 06 (몇십몇)+(몇), (몇)+(몇십몇) 복습 C

덧셈을 하세요.

❶ 75+4= ☐ (5+4=9; 십의 자리에 그대로 써요.)

❷ 24+5= ☐

❸ 65+4= ☐

❹ 72+2= ☐

❺ 62+4= ☐

❻ 66+1= ☐

❼ 84+5= ☐

❽ 34+2= ☐

❾ 17+1= ☐

❿ 82+3= ☐

⓫ 41+4= ☐

⓬ 42+5= ☐

⓭ 73+1= ☐

⓮ 44+5= ☐

⓯ 56+2= ☐

⓰ 63+6= ☐

⓱ 11+7= ☐

⓲ 92+2= ☐

정답 94쪽

| 공부한 날짜 | 맞힌 개수 | 걸린 시간 |
| --- | --- | --- |
| 월 일 | /36 | 분 |

덧셈을 하세요.

⑲ $2 + 13 = \square$

⑳ $1 + 84 = \square$

㉑ $5 + 63 = \square$

㉒ $5 + 32 = \square$

㉓ $6 + 42 = \square$

㉔ $5 + 43 = \square$

㉕ $7 + 72 = \square$

㉖ $6 + 23 = \square$

㉗ $2 + 11 = \square$

㉘ $2 + 64 = \square$

㉙ $4 + 13 = \square$

㉚ $4 + 32 = \square$

㉛ $5 + 72 = \square$

㉜ $2 + 87 = \square$

㉝ $2 + 37 = \square$

㉞ $6 + 71 = \square$

㉟ $8 + 41 = \square$

㊱ $7 + 62 = \square$

# 07 (몇십)+(몇십)

복습 A

덧셈을 하세요.

❶
$$\begin{array}{r} 10 \\ +\ 40 \\ \hline \end{array}$$

①0을 그대로 내려 써요.

②1+4=5

❷
$$\begin{array}{r} 40 \\ +\ 50 \\ \hline \end{array}$$

❸
$$\begin{array}{r} 60 \\ +\ 20 \\ \hline \end{array}$$

❹
$$\begin{array}{r} 30 \\ +\ 20 \\ \hline \end{array}$$

❺
$$\begin{array}{r} 10 \\ +\ 80 \\ \hline \end{array}$$

❻
$$\begin{array}{r} 70 \\ +\ 10 \\ \hline \end{array}$$

❼
$$\begin{array}{r} 50 \\ +\ 30 \\ \hline \end{array}$$

❽
$$\begin{array}{r} 10 \\ +\ 60 \\ \hline \end{array}$$

❾
$$\begin{array}{r} 50 \\ +\ 40 \\ \hline \end{array}$$

❿
$$\begin{array}{r} 50 \\ +\ 10 \\ \hline \end{array}$$

⓫
$$\begin{array}{r} 30 \\ +\ 50 \\ \hline \end{array}$$

⓬
$$\begin{array}{r} 20 \\ +\ 20 \\ \hline \end{array}$$

⓭
$$\begin{array}{r} 80 \\ +\ 10 \\ \hline \end{array}$$

⓮
$$\begin{array}{r} 40 \\ +\ 20 \\ \hline \end{array}$$

⓯
$$\begin{array}{r} 20 \\ +\ 70 \\ \hline \end{array}$$

➲ 정답 94쪽

| 공부한 날짜 | 맞힌 개수 | 걸린 시간 |
|---|---|---|
| 월 일 | /30 | 분 |

덧셈을 하세요.

⑯
$$\begin{array}{r} 30 \\ +\ 30 \\ \hline \end{array}$$

⑰
$$\begin{array}{r} 20 \\ +\ 40 \\ \hline \end{array}$$

⑱
$$\begin{array}{r} 20 \\ +\ 50 \\ \hline \end{array}$$

⑲
$$\begin{array}{r} 30 \\ +\ 10 \\ \hline \end{array}$$

⑳
$$\begin{array}{r} 40 \\ +\ 40 \\ \hline \end{array}$$

㉑
$$\begin{array}{r} 50 \\ +\ 20 \\ \hline \end{array}$$

㉒
$$\begin{array}{r} 60 \\ +\ 10 \\ \hline \end{array}$$

㉓
$$\begin{array}{r} 30 \\ +\ 60 \\ \hline \end{array}$$

㉔
$$\begin{array}{r} 20 \\ +\ 60 \\ \hline \end{array}$$

㉕
$$\begin{array}{r} 10 \\ +\ 70 \\ \hline \end{array}$$

㉖
$$\begin{array}{r} 10 \\ +\ 20 \\ \hline \end{array}$$

㉗
$$\begin{array}{r} 70 \\ +\ 20 \\ \hline \end{array}$$

㉘
$$\begin{array}{r} 30 \\ +\ 40 \\ \hline \end{array}$$

㉙
$$\begin{array}{r} 40 \\ +\ 30 \\ \hline \end{array}$$

㉚
$$\begin{array}{r} 20 \\ +\ 30 \\ \hline \end{array}$$

# 08 (몇십)+(몇십)

복습 B

덧셈을 하세요.

❶ $\begin{array}{r} 60 \\ +\ 30 \\ \hline \end{array}$

❷ $\begin{array}{r} 20 \\ +\ 40 \\ \hline \end{array}$

❸ $\begin{array}{r} 60 \\ +\ 10 \\ \hline \end{array}$

❹ $\begin{array}{r} 50 \\ +\ 40 \\ \hline \end{array}$

❺ $\begin{array}{r} 10 \\ +\ 30 \\ \hline \end{array}$

❻ $\begin{array}{r} 70 \\ +\ 10 \\ \hline \end{array}$

❼ $\begin{array}{r} 40 \\ +\ 40 \\ \hline \end{array}$

❽ $\begin{array}{r} 80 \\ +\ 10 \\ \hline \end{array}$

❾ $\begin{array}{r} 20 \\ +\ 30 \\ \hline \end{array}$

❿ $\begin{array}{r} 20 \\ +\ 10 \\ \hline \end{array}$

⓫ $\begin{array}{r} 30 \\ +\ 50 \\ \hline \end{array}$

⓬ $\begin{array}{r} 10 \\ +\ 70 \\ \hline \end{array}$

⓭ $\begin{array}{r} 40 \\ +\ 10 \\ \hline \end{array}$

⓮ $\begin{array}{r} 20 \\ +\ 70 \\ \hline \end{array}$

⓯ $\begin{array}{r} 30 \\ +\ 40 \\ \hline \end{array}$

정답 94쪽

| 공부한 날짜 | 맞힌 개수 | 걸린 시간 |
| --- | --- | --- |
| 월 일 | /30 | 분 |

덧셈을 하세요.

⑯ $\begin{array}{r} 10 \\ +\ 50 \\ \hline \end{array}$

⑰ $\begin{array}{r} 70 \\ +\ 20 \\ \hline \end{array}$

⑱ $\begin{array}{r} 50 \\ +\ 10 \\ \hline \end{array}$

⑲ $\begin{array}{r} 10 \\ +\ 60 \\ \hline \end{array}$

⑳ $\begin{array}{r} 10 \\ +\ 10 \\ \hline \end{array}$

㉑ $\begin{array}{r} 40 \\ +\ 20 \\ \hline \end{array}$

㉒ $\begin{array}{r} 30 \\ +\ 20 \\ \hline \end{array}$

㉓ $\begin{array}{r} 20 \\ +\ 50 \\ \hline \end{array}$

㉔ $\begin{array}{r} 50 \\ +\ 20 \\ \hline \end{array}$

㉕ $\begin{array}{r} 30 \\ +\ 60 \\ \hline \end{array}$

㉖ $\begin{array}{r} 60 \\ +\ 20 \\ \hline \end{array}$

㉗ $\begin{array}{r} 20 \\ +\ 20 \\ \hline \end{array}$

㉘ $\begin{array}{r} 10 \\ +\ 40 \\ \hline \end{array}$

㉙ $\begin{array}{r} 40 \\ +\ 50 \\ \hline \end{array}$

㉚ $\begin{array}{r} 30 \\ +\ 10 \\ \hline \end{array}$

# 09 (몇십)+(몇십)

복습 C

덧셈을 하세요.

0은 그대로!

❶ 40 + 50 = ☐

4 + 5 = 9

❼ 10 + 40 = ☐

⓭ 20 + 60 = ☐

❷ 60 + 10 = ☐

❽ 70 + 20 = ☐

⓮ 30 + 30 = ☐

❸ 20 + 20 = ☐

❾ 10 + 60 = ☐

⓯ 40 + 30 = ☐

❹ 60 + 30 = ☐

❿ 80 + 10 = ☐

⓰ 30 + 60 = ☐

❺ 10 + 20 = ☐

⓫ 20 + 40 = ☐

⓱ 10 + 80 = ☐

❻ 30 + 10 = ☐

⓬ 20 + 50 = ☐

⓲ 40 + 40 = ☐

정답 95쪽

| 공부한 날짜 | 맞힌 개수 | 걸린 시간 |
|---|---|---|
| 월 일 | /36 | 분 |

덧셈을 하세요.

⑲ 50 + 20 = ☐

⑳ 10 + 30 = ☐

㉑ 50 + 40 = ☐

㉒ 30 + 40 = ☐

㉓ 40 + 30 = ☐

㉔ 60 + 10 = ☐

㉕ 30 + 20 = ☐

㉖ 50 + 10 = ☐

㉗ 10 + 50 = ☐

㉘ 40 + 10 = ☐

㉙ 20 + 60 = ☐

㉚ 20 + 20 = ☐

㉛ 10 + 10 = ☐

㉜ 60 + 20 = ☐

㉝ 70 + 10 = ☐

㉞ 20 + 10 = ☐

㉟ 80 + 10 = ☐

㊱ 20 + 50 = ☐

# 10 (몇십몇)+(몇십몇)

복습 A

덧셈을 하세요.

❶
| | | |
|---|---|---|
| | 7 | 4 |
| + | 1 | 3 |
| | | |

① 4+3=7
② 7+1=8

❷
| | | |
|---|---|---|
| | 1 | 4 |
| + | 2 | 5 |
| | | |

❸
| | | |
|---|---|---|
| | 6 | 2 |
| + | 2 | 2 |
| | | |

❹
| | | |
|---|---|---|
| | 1 | 7 |
| + | 6 | 1 |
| | | |

❺
| | | |
|---|---|---|
| | 2 | 8 |
| + | 7 | 1 |
| | | |

❻
| | | |
|---|---|---|
| | 4 | 1 |
| + | 2 | 2 |
| | | |

❼
| | | |
|---|---|---|
| | 5 | 6 |
| + | 3 | 2 |
| | | |

❽
| | | |
|---|---|---|
| | 3 | 5 |
| + | 5 | 3 |
| | | |

❾
| | | |
|---|---|---|
| | 5 | 4 |
| + | 3 | 1 |
| | | |

❿
| | | |
|---|---|---|
| | 4 | 7 |
| + | 3 | 1 |
| | | |

⓫
| | | |
|---|---|---|
| | 7 | 5 |
| + | 2 | 4 |
| | | |

⓬
| | | |
|---|---|---|
| | 3 | 2 |
| + | 1 | 2 |
| | | |

⓭
| | | |
|---|---|---|
| | 8 | 1 |
| + | 1 | 5 |
| | | |

⓮
| | | |
|---|---|---|
| | 2 | 3 |
| + | 3 | 3 |
| | | |

⓯
| | | |
|---|---|---|
| | 8 | 4 |
| + | 1 | 4 |
| | | |

정답 95쪽

| 공부한 날짜 | 맞힌 개수 | 걸린 시간 |
| --- | --- | --- |
| 월 일 | /30 | 분 |

덧셈을 하세요.

⑯
$$\begin{array}{r} 44 \\ +\ 53 \\ \hline \end{array}$$

⑰
$$\begin{array}{r} 25 \\ +\ 44 \\ \hline \end{array}$$

⑱
$$\begin{array}{r} 12 \\ +\ 23 \\ \hline \end{array}$$

⑲
$$\begin{array}{r} 73 \\ +\ 26 \\ \hline \end{array}$$

⑳
$$\begin{array}{r} 22 \\ +\ 23 \\ \hline \end{array}$$

㉑
$$\begin{array}{r} 87 \\ +\ 12 \\ \hline \end{array}$$

㉒
$$\begin{array}{r} 65 \\ +\ 22 \\ \hline \end{array}$$

㉓
$$\begin{array}{r} 73 \\ +\ 15 \\ \hline \end{array}$$

㉔
$$\begin{array}{r} 38 \\ +\ 51 \\ \hline \end{array}$$

㉕
$$\begin{array}{r} 67 \\ +\ 11 \\ \hline \end{array}$$

㉖
$$\begin{array}{r} 11 \\ +\ 76 \\ \hline \end{array}$$

㉗
$$\begin{array}{r} 35 \\ +\ 24 \\ \hline \end{array}$$

㉘
$$\begin{array}{r} 52 \\ +\ 43 \\ \hline \end{array}$$

㉙
$$\begin{array}{r} 78 \\ +\ 21 \\ \hline \end{array}$$

㉚
$$\begin{array}{r} 42 \\ +\ 16 \\ \hline \end{array}$$

# 11 (몇십몇)+(몇십몇)

복습 B

덧셈을 하세요.

❶ $\begin{array}{r} 42 \\ +\ 57 \\ \hline \end{array}$

❷ $\begin{array}{r} 24 \\ +\ 22 \\ \hline \end{array}$

❸ $\begin{array}{r} 33 \\ +\ 54 \\ \hline \end{array}$

❹ $\begin{array}{r} 65 \\ +\ 31 \\ \hline \end{array}$

❺ $\begin{array}{r} 11 \\ +\ 58 \\ \hline \end{array}$

❻ $\begin{array}{r} 54 \\ +\ 44 \\ \hline \end{array}$

❼ $\begin{array}{r} 65 \\ +\ 14 \\ \hline \end{array}$

❽ $\begin{array}{r} 18 \\ +\ 21 \\ \hline \end{array}$

❾ $\begin{array}{r} 75 \\ +\ 13 \\ \hline \end{array}$

❿ $\begin{array}{r} 82 \\ +\ 14 \\ \hline \end{array}$

⓫ $\begin{array}{r} 22 \\ +\ 34 \\ \hline \end{array}$

⓬ $\begin{array}{r} 46 \\ +\ 23 \\ \hline \end{array}$

⓭ $\begin{array}{r} 52 \\ +\ 32 \\ \hline \end{array}$

⓮ $\begin{array}{r} 34 \\ +\ 21 \\ \hline \end{array}$

⓯ $\begin{array}{r} 75 \\ +\ 22 \\ \hline \end{array}$

정답 95쪽

| 공부한 날짜 | 맞힌 개수 | 걸린 시간 |
|---|---|---|
| 월 일 | /30 | 분 |

덧셈을 하세요.

⑯ $\begin{array}{r} 43 \\ +\ 43 \\ \hline \end{array}$

⑰ $\begin{array}{r} 53 \\ +\ 35 \\ \hline \end{array}$

⑱ $\begin{array}{r} 26 \\ +\ 71 \\ \hline \end{array}$

⑲ $\begin{array}{r} 77 \\ +\ 22 \\ \hline \end{array}$

⑳ $\begin{array}{r} 51 \\ +\ 47 \\ \hline \end{array}$

㉑ $\begin{array}{r} 27 \\ +\ 12 \\ \hline \end{array}$

㉒ $\begin{array}{r} 61 \\ +\ 13 \\ \hline \end{array}$

㉓ $\begin{array}{r} 85 \\ +\ 14 \\ \hline \end{array}$

㉔ $\begin{array}{r} 36 \\ +\ 63 \\ \hline \end{array}$

㉕ $\begin{array}{r} 56 \\ +\ 13 \\ \hline \end{array}$

㉖ $\begin{array}{r} 37 \\ +\ 41 \\ \hline \end{array}$

㉗ $\begin{array}{r} 83 \\ +\ 16 \\ \hline \end{array}$

㉘ $\begin{array}{r} 16 \\ +\ 12 \\ \hline \end{array}$

㉙ $\begin{array}{r} 44 \\ +\ 44 \\ \hline \end{array}$

㉚ $\begin{array}{r} 15 \\ +\ 64 \\ \hline \end{array}$

# 12 (몇십몇)+(몇십몇)

복습 C

덧셈을 하세요.

4 + 3 = 7

❶ 14 + 43 = ☐

1 + 4 = 5

❷ 27 + 41 = ☐

❸ 82 + 11 = ☐

❹ 21 + 78 = ☐

❺ 47 + 52 = ☐

❻ 85 + 12 = ☐

❼ 31 + 36 = ☐

❽ 57 + 31 = ☐

❾ 76 + 21 = ☐

❿ 16 + 42 = ☐

⓫ 55 + 21 = ☐

⓬ 55 + 43 = ☐

⓭ 44 + 35 = ☐

⓮ 21 + 56 = ☐

⓯ 66 + 23 = ☐

⓰ 14 + 34 = ☐

⓱ 37 + 12 = ☐

⓲ 43 + 26 = ☐

정답 95쪽

| 공부한 날짜 | 맞힌 개수 | 걸린 시간 |
| --- | --- | --- |
| 월 일 | /36 | 분 |

덧셈을 하세요.

⑲ $86 + 13 = \square$

⑳ $63 + 14 = \square$

㉑ $16 + 21 = \square$

㉒ $43 + 52 = \square$

㉓ $28 + 51 = \square$

㉔ $36 + 51 = \square$

㉕ $57 + 11 = \square$

㉖ $16 + 33 = \square$

㉗ $28 + 41 = \square$

㉘ $24 + 11 = \square$

㉙ $38 + 11 = \square$

㉚ $45 + 43 = \square$

㉛ $64 + 34 = \square$

㉜ $83 + 13 = \square$

㉝ $18 + 21 = \square$

㉞ $71 + 17 = \square$

㉟ $48 + 51 = \square$

㊱ $82 + 12 = \square$

# 13 합이 한 자리 수인 세 수의 덧셈 복습 A

계산을 하세요.

❶ 3+1+1=□

① □

② □

$$\begin{array}{r} 3 \\ +\ 1 \\ \hline \square \end{array} \rightarrow \begin{array}{r} \square \\ +\ 1 \\ \hline \square \end{array}$$

① 3+1=4
② 4+1=5

❺ 1+1+4=□

$$\begin{array}{r} 1 \\ +\ 1 \\ \hline \square \end{array} \rightarrow \begin{array}{r} \square \\ +\ 4 \\ \hline \square \end{array}$$

❷ 2+3+2=□

$$\begin{array}{r} 2 \\ +\ 3 \\ \hline \square \end{array} \rightarrow \begin{array}{r} \square \\ +\ 2 \\ \hline \square \end{array}$$

❻ 2+5+1=□

$$\begin{array}{r} 2 \\ +\ 5 \\ \hline \square \end{array} \rightarrow \begin{array}{r} \square \\ +\ 1 \\ \hline \square \end{array}$$

❸ 3+2+4=□

$$\begin{array}{r} 3 \\ +\ 2 \\ \hline \square \end{array} \rightarrow \begin{array}{r} \square \\ +\ 4 \\ \hline \square \end{array}$$

❼ 2+1+5=□

$$\begin{array}{r} 2 \\ +\ 1 \\ \hline \square \end{array} \rightarrow \begin{array}{r} \square \\ +\ 5 \\ \hline \square \end{array}$$

❹ 4+2+2=□

$$\begin{array}{r} 4 \\ +\ 2 \\ \hline \square \end{array} \rightarrow \begin{array}{r} \square \\ +\ 2 \\ \hline \square \end{array}$$

❽ 4+1+2=□

$$\begin{array}{r} 4 \\ +\ 1 \\ \hline \square \end{array} \rightarrow \begin{array}{r} \square \\ +\ 2 \\ \hline \square \end{array}$$

정답 96쪽

| 공부한 날짜 | 맞힌 개수 | 걸린 시간 |
|---|---|---|
| 월 일 | /26 | 분 |

계산을 하세요.

⑨ 1 + 1 + 5 = ☐
(1 + 1 = 2, 2 + 5 = 7)

⑮ 3 + 1 + 2 = ☐

㉑ 1 + 1 + 1 = ☐

⑩ 1 + 2 + 6 = ☐

⑯ 1 + 2 + 5 = ☐

㉒ 7 + 1 + 1 = ☐

⑪ 1 + 6 + 2 = ☐

⑰ 1 + 3 + 2 = ☐

㉓ 1 + 1 + 7 = ☐

⑫ 1 + 5 + 2 = ☐

⑱ 1 + 3 + 3 = ☐

㉔ 2 + 4 + 3 = ☐

⑬ 5 + 1 + 1 = ☐

⑲ 2 + 6 + 1 = ☐

㉕ 2 + 2 + 1 = ☐

⑭ 3 + 1 + 5 = ☐

⑳ 2 + 2 + 3 = ☐

㉖ 2 + 1 + 6 = ☐

# 01 (몇십)－(몇십)

복습 A

빼셈을 하세요.

❶
| | 7 | 0 |
|---|---|---|
| － | 2 | 0 |
| | | |

└ ① 0은 그대로 내려 써요.
└ ② 7－2＝5

❷
| | 6 | 0 |
|---|---|---|
| － | 2 | 0 |
| | | |

❸
| | 9 | 0 |
|---|---|---|
| － | 5 | 0 |
| | | |

❹
| | 6 | 0 |
|---|---|---|
| － | 4 | 0 |
| | | |

❺
| | 8 | 0 |
|---|---|---|
| － | 7 | 0 |
| | | |

❻
| | 9 | 0 |
|---|---|---|
| － | 2 | 0 |
| | | |

❼
| | 8 | 0 |
|---|---|---|
| － | 2 | 0 |
| | | |

❽
| | 4 | 0 |
|---|---|---|
| － | 3 | 0 |
| | | |

❾
| | 4 | 0 |
|---|---|---|
| － | 2 | 0 |
| | | |

❿
| | 9 | 0 |
|---|---|---|
| － | 4 | 0 |
| | | |

⓫
| | 5 | 0 |
|---|---|---|
| － | 2 | 0 |
| | | |

⓬
| | 3 | 0 |
|---|---|---|
| － | 2 | 0 |
| | | |

⓭
| | 8 | 0 |
|---|---|---|
| － | 1 | 0 |
| | | |

⓮
| | 7 | 0 |
|---|---|---|
| － | 6 | 0 |
| | | |

⓯
| | 9 | 0 |
|---|---|---|
| － | 8 | 0 |
| | | |

정답 97쪽

| 공부한 날짜 | 맞힌 개수 | 걸린 시간 |
|---|---|---|
| 월 일 | /30 | 분 |

빨셈을 하세요.

⑯ $\begin{array}{r} 90 \\ -\ 10 \\ \hline \end{array}$

㉑ $\begin{array}{r} 60 \\ -\ 30 \\ \hline \end{array}$

㉖ $\begin{array}{r} 80 \\ -\ 40 \\ \hline \end{array}$

⑰ $\begin{array}{r} 80 \\ -\ 30 \\ \hline \end{array}$

㉒ $\begin{array}{r} 20 \\ -\ 10 \\ \hline \end{array}$

㉗ $\begin{array}{r} 50 \\ -\ 10 \\ \hline \end{array}$

⑱ $\begin{array}{r} 70 \\ -\ 30 \\ \hline \end{array}$

㉓ $\begin{array}{r} 90 \\ -\ 60 \\ \hline \end{array}$

㉘ $\begin{array}{r} 40 \\ -\ 10 \\ \hline \end{array}$

⑲ $\begin{array}{r} 90 \\ -\ 70 \\ \hline \end{array}$

㉔ $\begin{array}{r} 90 \\ -\ 30 \\ \hline \end{array}$

㉙ $\begin{array}{r} 70 \\ -\ 40 \\ \hline \end{array}$

⑳ $\begin{array}{r} 50 \\ -\ 40 \\ \hline \end{array}$

㉕ $\begin{array}{r} 60 \\ -\ 50 \\ \hline \end{array}$

㉚ $\begin{array}{r} 80 \\ -\ 50 \\ \hline \end{array}$

# 02 (몇십) − (몇십)

복습 B

뺄셈을 하세요.

❶ $\begin{array}{r} 40 \\ -\ 30 \\ \hline \end{array}$

❷ $\begin{array}{r} 90 \\ -\ 40 \\ \hline \end{array}$

❸ $\begin{array}{r} 50 \\ -\ 30 \\ \hline \end{array}$

❹ $\begin{array}{r} 90 \\ -\ 70 \\ \hline \end{array}$

❺ $\begin{array}{r} 60 \\ -\ 20 \\ \hline \end{array}$

❻ $\begin{array}{r} 80 \\ -\ 40 \\ \hline \end{array}$

❼ $\begin{array}{r} 70 \\ -\ 10 \\ \hline \end{array}$

❽ $\begin{array}{r} 80 \\ -\ 20 \\ \hline \end{array}$

❾ $\begin{array}{r} 70 \\ -\ 20 \\ \hline \end{array}$

❿ $\begin{array}{r} 50 \\ -\ 20 \\ \hline \end{array}$

⓫ $\begin{array}{r} 90 \\ -\ 10 \\ \hline \end{array}$

⓬ $\begin{array}{r} 30 \\ -\ 20 \\ \hline \end{array}$

⓭ $\begin{array}{r} 70 \\ -\ 30 \\ \hline \end{array}$

⓮ $\begin{array}{r} 90 \\ -\ 30 \\ \hline \end{array}$

⓯ $\begin{array}{r} 60 \\ -\ 10 \\ \hline \end{array}$

정답 97쪽

| 공부한 날짜 | 맞힌 개수 | 걸린 시간 |
|---|---|---|
| 월 일 | /30 | 분 |

빨셈을 하세요.

⑯ $\begin{array}{r} 70 \\ -\ 60 \\ \hline \end{array}$

⑰ $\begin{array}{r} 30 \\ -\ 10 \\ \hline \end{array}$

⑱ $\begin{array}{r} 90 \\ -\ 50 \\ \hline \end{array}$

⑲ $\begin{array}{r} 50 \\ -\ 40 \\ \hline \end{array}$

⑳ $\begin{array}{r} 60 \\ -\ 40 \\ \hline \end{array}$

㉑ $\begin{array}{r} 80 \\ -\ 10 \\ \hline \end{array}$

㉒ $\begin{array}{r} 90 \\ -\ 20 \\ \hline \end{array}$

㉓ $\begin{array}{r} 20 \\ -\ 10 \\ \hline \end{array}$

㉔ $\begin{array}{r} 90 \\ -\ 80 \\ \hline \end{array}$

㉕ $\begin{array}{r} 70 \\ -\ 50 \\ \hline \end{array}$

㉖ $\begin{array}{r} 40 \\ -\ 20 \\ \hline \end{array}$

㉗ $\begin{array}{r} 80 \\ -\ 30 \\ \hline \end{array}$

㉘ $\begin{array}{r} 60 \\ -\ 50 \\ \hline \end{array}$

㉙ $\begin{array}{r} 70 \\ -\ 40 \\ \hline \end{array}$

㉚ $\begin{array}{r} 80 \\ -\ 60 \\ \hline \end{array}$

# 03 (몇십) − (몇십)

복습 C

뺄셈을 하세요.

0은 그대로!

❶ 70 − 30 = ☐

7 − 3 = 4

❷ 40 − 30 = ☐

❸ 40 − 10 = ☐

❹ 90 − 80 = ☐

❺ 60 − 10 = ☐

❻ 50 − 20 = ☐

❼ 90 − 20 = ☐

❽ 70 − 20 = ☐

❾ 80 − 70 = ☐

❿ 80 − 20 = ☐

⓫ 70 − 60 = ☐

⓬ 90 − 10 = ☐

⓭ 30 − 20 = ☐

⓮ 50 − 40 = ☐

⓯ 60 − 20 = ☐

⓰ 60 − 50 = ☐

⓱ 80 − 30 = ☐

⓲ 80 − 60 = ☐

정답 97쪽

| 공부한 날짜 | 맞힌 개수 | 걸린 시간 |
| --- | --- | --- |
| 월 일 | /36 | 분 |

빨셈을 하세요.

⑲ $90 - 50 =$ ☐

㉕ $70 - 10 =$ ☐

㉛ $90 - 60 =$ ☐

⑳ $90 - 70 =$ ☐

㉖ $20 - 10 =$ ☐

㉜ $80 - 40 =$ ☐

㉑ $40 - 20 =$ ☐

㉗ $90 - 30 =$ ☐

㉝ $80 - 50 =$ ☐

㉒ $80 - 10 =$ ☐

㉘ $50 - 10 =$ ☐

㉞ $60 - 40 =$ ☐

㉓ $40 - 30 =$ ☐

㉙ $60 - 50 =$ ☐

㉟ $70 - 20 =$ ☐

㉔ $40 - 10 =$ ☐

㉚ $70 - 30 =$ ☐

㊱ $80 - 70 =$ ☐

# 04 (몇십몇)−(몇)

복습 A

뺄셈을 하세요.

❶

| | | |
|---|---|---|
| | 9 | 9 |
| − | | 6 |
| | | |

①9−6=3

②9를 그대로 내려 써요!

❷

| | | |
|---|---|---|
| | 4 | 5 |
| − | | 3 |
| | | |

❸

| | | |
|---|---|---|
| | 7 | 3 |
| − | | 2 |
| | | |

❹

| | | |
|---|---|---|
| | 2 | 8 |
| − | | 2 |
| | | |

❺

| | | |
|---|---|---|
| | 8 | 6 |
| − | | 4 |
| | | |

❻

| | | |
|---|---|---|
| | 4 | 7 |
| − | | 3 |
| | | |

❼

| | | |
|---|---|---|
| | 3 | 8 |
| − | | 2 |
| | | |

❽

| | | |
|---|---|---|
| | 1 | 6 |
| − | | 2 |
| | | |

❾

| | | |
|---|---|---|
| | 9 | 6 |
| − | | 3 |
| | | |

❿

| | | |
|---|---|---|
| | 5 | 8 |
| − | | 5 |
| | | |

⓫

| | | |
|---|---|---|
| | 6 | 8 |
| − | | 2 |
| | | |

⓬

| | | |
|---|---|---|
| | 7 | 5 |
| − | | 4 |
| | | |

⓭

| | | |
|---|---|---|
| | 7 | 7 |
| − | | 3 |
| | | |

⓮

| | | |
|---|---|---|
| | 8 | 9 |
| − | | 3 |
| | | |

⓯

| | | |
|---|---|---|
| | 6 | 8 |
| − | | 3 |
| | | |

정답 97쪽

| 공부한 날짜 | 맞힌 개수 | 걸린 시간 |
|---|---|---|
| 월 일 | /30 | 분 |

빨셈을 하세요.

⑯
$$\begin{array}{r} 64 \\ -\ \ 3 \\ \hline \end{array}$$

㉑
$$\begin{array}{r} 96 \\ -\ \ 4 \\ \hline \end{array}$$

㉖
$$\begin{array}{r} 43 \\ -\ \ 2 \\ \hline \end{array}$$

⑰
$$\begin{array}{r} 69 \\ -\ \ 2 \\ \hline \end{array}$$

㉒
$$\begin{array}{r} 18 \\ -\ \ 4 \\ \hline \end{array}$$

㉗
$$\begin{array}{r} 65 \\ -\ \ 3 \\ \hline \end{array}$$

⑱
$$\begin{array}{r} 57 \\ -\ \ 2 \\ \hline \end{array}$$

㉓
$$\begin{array}{r} 75 \\ -\ \ 2 \\ \hline \end{array}$$

㉘
$$\begin{array}{r} 24 \\ -\ \ 3 \\ \hline \end{array}$$

⑲
$$\begin{array}{r} 84 \\ -\ \ 1 \\ \hline \end{array}$$

㉔
$$\begin{array}{r} 36 \\ -\ \ 5 \\ \hline \end{array}$$

㉙
$$\begin{array}{r} 78 \\ -\ \ 3 \\ \hline \end{array}$$

⑳
$$\begin{array}{r} 88 \\ -\ \ 1 \\ \hline \end{array}$$

㉕
$$\begin{array}{r} 98 \\ -\ \ 6 \\ \hline \end{array}$$

㉚
$$\begin{array}{r} 57 \\ -\ \ 5 \\ \hline \end{array}$$

# 05 (몇십몇) − (몇)

복습 B

뺄셈을 하세요.

❶ $\begin{array}{r} 2\ 7 \\ -\quad\ 5 \\ \hline \end{array}$

❷ $\begin{array}{r} 7\ 9 \\ -\quad\ 6 \\ \hline \end{array}$

❸ $\begin{array}{r} 9\ 7 \\ -\quad\ 6 \\ \hline \end{array}$

❹ $\begin{array}{r} 3\ 9 \\ -\quad\ 5 \\ \hline \end{array}$

❺ $\begin{array}{r} 2\ 5 \\ -\quad\ 4 \\ \hline \end{array}$

❻ $\begin{array}{r} 3\ 4 \\ -\quad\ 1 \\ \hline \end{array}$

❼ $\begin{array}{r} 4\ 7 \\ -\quad\ 1 \\ \hline \end{array}$

❽ $\begin{array}{r} 9\ 7 \\ -\quad\ 5 \\ \hline \end{array}$

❾ $\begin{array}{r} 1\ 8 \\ -\quad\ 7 \\ \hline \end{array}$

❿ $\begin{array}{r} 6\ 6 \\ -\quad\ 4 \\ \hline \end{array}$

⓫ $\begin{array}{r} 9\ 5 \\ -\quad\ 2 \\ \hline \end{array}$

⓬ $\begin{array}{r} 6\ 7 \\ -\quad\ 6 \\ \hline \end{array}$

⓭ $\begin{array}{r} 8\ 5 \\ -\quad\ 3 \\ \hline \end{array}$

⓮ $\begin{array}{r} 2\ 9 \\ -\quad\ 3 \\ \hline \end{array}$

⓯ $\begin{array}{r} 7\ 7 \\ -\quad\ 6 \\ \hline \end{array}$

정답 98쪽

| 공부한 날짜 | 맞힌 개수 | 걸린 시간 |
| --- | --- | --- |
| 월 일 | /30 | 분 |

빨셈을 하세요.

⑯ $\begin{array}{r} 78 \\ -\ \ 6 \\ \hline \end{array}$

⑰ $\begin{array}{r} 47 \\ -\ \ 6 \\ \hline \end{array}$

⑱ $\begin{array}{r} 27 \\ -\ \ 6 \\ \hline \end{array}$

⑲ $\begin{array}{r} 79 \\ -\ \ 2 \\ \hline \end{array}$

⑳ $\begin{array}{r} 26 \\ -\ \ 3 \\ \hline \end{array}$

㉑ $\begin{array}{r} 94 \\ -\ \ 1 \\ \hline \end{array}$

㉒ $\begin{array}{r} 94 \\ -\ \ 2 \\ \hline \end{array}$

㉓ $\begin{array}{r} 46 \\ -\ \ 5 \\ \hline \end{array}$

㉔ $\begin{array}{r} 96 \\ -\ \ 5 \\ \hline \end{array}$

㉕ $\begin{array}{r} 79 \\ -\ \ 5 \\ \hline \end{array}$

㉖ $\begin{array}{r} 35 \\ -\ \ 2 \\ \hline \end{array}$

㉗ $\begin{array}{r} 88 \\ -\ \ 4 \\ \hline \end{array}$

㉘ $\begin{array}{r} 83 \\ -\ \ 1 \\ \hline \end{array}$

㉙ $\begin{array}{r} 39 \\ -\ \ 5 \\ \hline \end{array}$

㉚ $\begin{array}{r} 38 \\ -\ \ 3 \\ \hline \end{array}$

# 06 (몇십몇)−(몇)

복습 C

뺄셈을 하세요.

7 − 4 = 3

❶ 27 − 4 = ☐

└ 십의 자리에 그대로 써요.

❷ 59 − 5 = ☐

❸ 84 − 2 = ☐

❹ 35 − 4 = ☐

❺ 69 − 5 = ☐

❻ 27 − 6 = ☐

❼ 14 − 3 = ☐

❽ 79 − 8 = ☐

❾ 48 − 1 = ☐

❿ 19 − 3 = ☐

⓫ 39 − 4 = ☐

⓬ 46 − 5 = ☐

⓭ 68 − 4 = ☐

⓮ 29 − 4 = ☐

⓯ 17 − 3 = ☐

⓰ 98 − 3 = ☐

⓱ 58 − 2 = ☐

⓲ 83 − 1 = ☐

정답 98쪽

| 공부한 날짜 | 맞힌 개수 | 걸린 시간 |
| --- | --- | --- |
| 월 일 | /36 | 분 |

빨셈을 하세요.

⑲ $68 - 6 =$ ☐

⑳ $55 - 2 =$ ☐

㉑ $86 - 1 =$ ☐

㉒ $36 - 2 =$ ☐

㉓ $46 - 1 =$ ☐

㉔ $26 - 3 =$ ☐

㉕ $78 - 4 =$ ☐

㉖ $98 - 7 =$ ☐

㉗ $59 - 8 =$ ☐

㉘ $26 - 4 =$ ☐

㉙ $44 - 3 =$ ☐

㉚ $79 - 5 =$ ☐

㉛ $49 - 8 =$ ☐

㉜ $17 - 2 =$ ☐

㉝ $65 - 4 =$ ☐

㉞ $89 - 2 =$ ☐

㉟ $55 - 4 =$ ☐

㊱ $38 - 3 =$ ☐

# 07 (몇십몇)－(몇십) 복습 A

뺄셈을 하세요.

❶
| | | |
|---|---|---|
| | 8 | 4 |
| － | 1 | 0 |
| | | |

①4－0＝4
②8－1＝7

❷
| | | |
|---|---|---|
| | 5 | 9 |
| － | 2 | 0 |
| | | |

❸
| | | |
|---|---|---|
| | 2 | 1 |
| － | 1 | 0 |
| | | |

❹
| | | |
|---|---|---|
| | 7 | 6 |
| － | 6 | 0 |
| | | |

❺
| | | |
|---|---|---|
| | 5 | 6 |
| － | 3 | 0 |
| | | |

❻
| | | |
|---|---|---|
| | 3 | 1 |
| － | 2 | 0 |
| | | |

❼
| | | |
|---|---|---|
| | 9 | 1 |
| － | 4 | 0 |
| | | |

❽
| | | |
|---|---|---|
| | 8 | 8 |
| － | 7 | 0 |
| | | |

❾
| | | |
|---|---|---|
| | 8 | 8 |
| － | 6 | 0 |
| | | |

❿
| | | |
|---|---|---|
| | 9 | 7 |
| － | 8 | 0 |
| | | |

⓫
| | | |
|---|---|---|
| | 6 | 6 |
| － | 2 | 0 |
| | | |

⓬
| | | |
|---|---|---|
| | 4 | 7 |
| － | 3 | 0 |
| | | |

⓭
| | | |
|---|---|---|
| | 9 | 1 |
| － | 2 | 0 |
| | | |

⓮
| | | |
|---|---|---|
| | 6 | 1 |
| － | 4 | 0 |
| | | |

⓯
| | | |
|---|---|---|
| | 7 | 9 |
| － | 4 | 0 |
| | | |

정답 98쪽

| 공부한 날짜 | 맞힌 개수 | 걸린 시간 |
| --- | --- | --- |
| 월 일 | /30 | 분 |

빨셈을 하세요.

⑯
| | 7 | 1 |
|---|---|---|
| − | 5 | 0 |
| | | |

㉑
| | 3 | 8 |
|---|---|---|
| − | 2 | 0 |
| | | |

㉖
| | 6 | 9 |
|---|---|---|
| − | 3 | 0 |
| | | |

⑰
| | 7 | 7 |
|---|---|---|
| − | 1 | 0 |
| | | |

㉒
| | 9 | 8 |
|---|---|---|
| − | 6 | 0 |
| | | |

㉗
| | 5 | 4 |
|---|---|---|
| − | 1 | 0 |
| | | |

⑱
| | 4 | 3 |
|---|---|---|
| − | 1 | 0 |
| | | |

㉓
| | 5 | 1 |
|---|---|---|
| − | 4 | 0 |
| | | |

㉘
| | 9 | 6 |
|---|---|---|
| − | 4 | 0 |
| | | |

⑲
| | 8 | 6 |
|---|---|---|
| − | 4 | 0 |
| | | |

㉔
| | 8 | 2 |
|---|---|---|
| − | 4 | 0 |
| | | |

㉙
| | 2 | 9 |
|---|---|---|
| − | 1 | 0 |
| | | |

⑳
| | 6 | 2 |
|---|---|---|
| − | 4 | 0 |
| | | |

㉕
| | 9 | 4 |
|---|---|---|
| − | 8 | 0 |
| | | |

㉚
| | 8 | 1 |
|---|---|---|
| − | 6 | 0 |
| | | |

# 08 (몇십몇) − (몇십)

복습 B

뺄셈을 하세요.

❶ $61 - 20$

❻ $41 - 30$

⓫ $31 - 10$

❷ $52 - 20$

❼ $88 - 30$

⓬ $81 - 40$

❸ $24 - 10$

❽ $96 - 70$

⓭ $83 - 70$

❹ $77 - 40$

❾ $75 - 50$

⓮ $91 - 80$

❺ $87 - 70$

❿ $99 - 50$

⓯ $72 - 10$

정답 98쪽

| 공부한 날짜 | 맞힌 개수 | 걸린 시간 |
|---|---|---|
| 월 일 | /30 | 분 |

빽셈을 하세요.

⑯ $\begin{array}{r} 34 \\ -\ 20 \\ \hline \end{array}$

⑰ $\begin{array}{r} 92 \\ -\ 70 \\ \hline \end{array}$

⑱ $\begin{array}{r} 73 \\ -\ 50 \\ \hline \end{array}$

⑲ $\begin{array}{r} 72 \\ -\ 50 \\ \hline \end{array}$

⑳ $\begin{array}{r} 64 \\ -\ 20 \\ \hline \end{array}$

㉑ $\begin{array}{r} 82 \\ -\ 20 \\ \hline \end{array}$

㉒ $\begin{array}{r} 97 \\ -\ 50 \\ \hline \end{array}$

㉓ $\begin{array}{r} 78 \\ -\ 20 \\ \hline \end{array}$

㉔ $\begin{array}{r} 83 \\ -\ 10 \\ \hline \end{array}$

㉕ $\begin{array}{r} 89 \\ -\ 60 \\ \hline \end{array}$

㉖ $\begin{array}{r} 98 \\ -\ 80 \\ \hline \end{array}$

㉗ $\begin{array}{r} 47 \\ -\ 20 \\ \hline \end{array}$

㉘ $\begin{array}{r} 35 \\ -\ 10 \\ \hline \end{array}$

㉙ $\begin{array}{r} 85 \\ -\ 30 \\ \hline \end{array}$

㉚ $\begin{array}{r} 57 \\ -\ 10 \\ \hline \end{array}$

# 09 (몇십몇) − (몇십)

복습 C

뺄셈을 하세요.

❶ 42 − 20 = ☐ (2 − 0 = 2, 4 − 2 = 2)

❷ 53 − 30 = ☐

❸ 39 − 20 = ☐

❹ 52 − 30 = ☐

❺ 49 − 30 = ☐

❻ 37 − 10 = ☐

❼ 46 − 20 = ☐

❽ 65 − 40 = ☐

❾ 82 − 50 = ☐

❿ 94 − 30 = ☐

⓫ 58 − 30 = ☐

⓬ 71 − 30 = ☐

⓭ 93 − 50 = ☐

⓮ 86 − 50 = ☐

⓯ 78 − 30 = ☐

⓰ 95 − 80 = ☐

⓱ 86 − 10 = ☐

⓲ 63 − 40 = ☐

정답 99쪽

| 공부한 날짜 | 맞힌 개수 | 걸린 시간 |
| --- | --- | --- |
| 월 일 | /36 | 분 |

빼셈을 하세요.

⑲ 25 − 10 = ☐

⑳ 88 − 20 = ☐

㉑ 62 − 30 = ☐

㉒ 43 − 20 = ☐

㉓ 54 − 20 = ☐

㉔ 84 − 30 = ☐

㉕ 95 − 20 = ☐

㉖ 59 − 30 = ☐

㉗ 78 − 60 = ☐

㉘ 87 − 30 = ☐

㉙ 72 − 60 = ☐

㉚ 69 − 40 = ☐

㉛ 32 − 10 = ☐

㉜ 57 − 30 = ☐

㉝ 48 − 20 = ☐

㉞ 97 − 30 = ☐

㉟ 69 − 10 = ☐

㊱ 92 − 20 = ☐

# 10 (몇십몇) − (몇십몇)

복습 A

빨셈을 하세요.

❶

| | | |
|---|---|---|
| | 2 | 7 |
| − | 1 | 4 |
| | | |

└ ①7 − 4 = 3
└ ②2 − 1 = 1

❷

| | | |
|---|---|---|
| | 4 | 9 |
| − | 3 | 7 |
| | | |

❸

| | | |
|---|---|---|
| | 5 | 4 |
| − | 2 | 3 |
| | | |

❹

| | | |
|---|---|---|
| | 3 | 8 |
| − | 2 | 4 |
| | | |

❺

| | | |
|---|---|---|
| | 8 | 2 |
| − | 6 | 1 |
| | | |

❻

| | | |
|---|---|---|
| | 9 | 7 |
| − | 3 | 6 |
| | | |

❼

| | | |
|---|---|---|
| | 8 | 7 |
| − | 2 | 3 |
| | | |

❽

| | | |
|---|---|---|
| | 6 | 8 |
| − | 4 | 5 |
| | | |

❾

| | | |
|---|---|---|
| | 7 | 9 |
| − | 2 | 4 |
| | | |

❿

| | | |
|---|---|---|
| | 6 | 8 |
| − | 3 | 4 |
| | | |

⓫

| | | |
|---|---|---|
| | 9 | 9 |
| − | 6 | 3 |
| | | |

⓬

| | | |
|---|---|---|
| | 5 | 8 |
| − | 3 | 6 |
| | | |

⓭

| | | |
|---|---|---|
| | 7 | 8 |
| − | 2 | 5 |
| | | |

⓮

| | | |
|---|---|---|
| | 9 | 8 |
| − | 8 | 5 |
| | | |

⓯

| | | |
|---|---|---|
| | 8 | 3 |
| − | 7 | 1 |
| | | |

정답 99쪽

| 공부한 날짜 | 맞힌 개수 | 걸린 시간 |
|---|---|---|
| 월 일 | /30 | 분 |

뺄셈을 하세요.

16. $\begin{array}{r} 34 \\ -\ 12 \\ \hline \end{array}$

17. $\begin{array}{r} 64 \\ -\ 53 \\ \hline \end{array}$

18. $\begin{array}{r} 52 \\ -\ 41 \\ \hline \end{array}$

19. $\begin{array}{r} 64 \\ -\ 33 \\ \hline \end{array}$

20. $\begin{array}{r} 84 \\ -\ 71 \\ \hline \end{array}$

21. $\begin{array}{r} 95 \\ -\ 33 \\ \hline \end{array}$

22. $\begin{array}{r} 97 \\ -\ 41 \\ \hline \end{array}$

23. $\begin{array}{r} 84 \\ -\ 12 \\ \hline \end{array}$

24. $\begin{array}{r} 48 \\ -\ 32 \\ \hline \end{array}$

25. $\begin{array}{r} 89 \\ -\ 23 \\ \hline \end{array}$

26. $\begin{array}{r} 76 \\ -\ 41 \\ \hline \end{array}$

27. $\begin{array}{r} 26 \\ -\ 11 \\ \hline \end{array}$

28. $\begin{array}{r} 74 \\ -\ 21 \\ \hline \end{array}$

29. $\begin{array}{r} 99 \\ -\ 85 \\ \hline \end{array}$

30. $\begin{array}{r} 56 \\ -\ 23 \\ \hline \end{array}$

# 11 (몇십몇) − (몇십몇)

복습 B

뺄셈을 하세요.

❶ 55 − 23

❷ 77 − 36

❸ 24 − 12

❹ 67 − 52

❺ 86 − 55

❻ 96 − 44

❼ 37 − 22

❽ 98 − 27

❾ 93 − 61

❿ 78 − 47

⓫ 49 − 25

⓬ 85 − 74

⓭ 63 − 12

⓮ 52 − 31

⓯ 85 − 41

정답 99쪽

| 공부한 날짜 | 맞힌 개수 | 걸린 시간 |
|---|---|---|
| 월 일 | /30 | 분 |

빨셈을 하세요.

⑯ $\begin{array}{r} 99 \\ -\ 41 \\ \hline \end{array}$

⑰ $\begin{array}{r} 53 \\ -\ 32 \\ \hline \end{array}$

⑱ $\begin{array}{r} 35 \\ -\ 14 \\ \hline \end{array}$

⑲ $\begin{array}{r} 75 \\ -\ 12 \\ \hline \end{array}$

⑳ $\begin{array}{r} 63 \\ -\ 41 \\ \hline \end{array}$

㉑ $\begin{array}{r} 22 \\ -\ 11 \\ \hline \end{array}$

㉒ $\begin{array}{r} 84 \\ -\ 63 \\ \hline \end{array}$

㉓ $\begin{array}{r} 66 \\ -\ 13 \\ \hline \end{array}$

㉔ $\begin{array}{r} 96 \\ -\ 55 \\ \hline \end{array}$

㉕ $\begin{array}{r} 74 \\ -\ 43 \\ \hline \end{array}$

㉖ $\begin{array}{r} 95 \\ -\ 73 \\ \hline \end{array}$

㉗ $\begin{array}{r} 86 \\ -\ 11 \\ \hline \end{array}$

㉘ $\begin{array}{r} 48 \\ -\ 17 \\ \hline \end{array}$

㉙ $\begin{array}{r} 58 \\ -\ 24 \\ \hline \end{array}$

㉚ $\begin{array}{r} 82 \\ -\ 41 \\ \hline \end{array}$

# 12 (몇십몇) − (몇십몇) 복습 C

뺄셈을 하세요.

1. 89 − 45 = ☐ (9 − 5 = 4, 8 − 4 = 4)
2. 96 − 61 = ☐
3. 77 − 14 = ☐
4. 36 − 24 = ☐
5. 66 − 35 = ☐
6. 75 − 34 = ☐
7. 72 − 51 = ☐
8. 46 − 33 = ☐
9. 63 − 52 = ☐
10. 69 − 23 = ☐
11. 94 − 51 = ☐
12. 44 − 12 = ☐
13. 53 − 21 = ☐
14. 89 − 78 = ☐
15. 82 − 51 = ☐
16. 89 − 56 = ☐
17. 43 − 31 = ☐
18. 78 − 51 = ☐

정답 99쪽

| 공부한 날짜 | 맞힌 개수 | 걸린 시간 |
|---|---|---|
| 월 일 | /36 | 분 |

빨셈을 하세요.

⑲ 87 − 34 = ☐

⑳ 54 − 32 = ☐

㉑ 73 − 32 = ☐

㉒ 75 − 54 = ☐

㉓ 55 − 41 = ☐

㉔ 39 − 23 = ☐

㉕ 42 − 32 = ☐

㉖ 97 − 25 = ☐

㉗ 64 − 42 = ☐

㉘ 62 − 11 = ☐

㊴ 99 − 52 = ☐

㉚ 79 − 57 = ☐

㉛ 73 − 42 = ☐

㉜ 44 − 31 = ☐

㉝ 32 − 11 = ☐

㉞ 58 − 12 = ☐

㉟ 76 − 14 = ☐

㊱ 92 − 31 = ☐

# 13 계산 결과가 한 자리 수인 세 수의 뺄셈 복습 A

계산을 하세요.

❶ 8−3−4=□

$$\begin{array}{r} 8 \\ -\ 3 \\ \hline \square \end{array} \rightarrow \begin{array}{r} \square \\ -\ 4 \\ \hline \square \end{array}$$

❷ 7−1−1=□

$$\begin{array}{r} 7 \\ -\ 1 \\ \hline \square \end{array} \rightarrow \begin{array}{r} \square \\ -\ 1 \\ \hline \square \end{array}$$

❸ 9−7−1=□

$$\begin{array}{r} 9 \\ -\ 7 \\ \hline \square \end{array} \rightarrow \begin{array}{r} \square \\ -\ 1 \\ \hline \square \end{array}$$

❹ 6−2−3=□

$$\begin{array}{r} 6 \\ -\ 2 \\ \hline \square \end{array} \rightarrow \begin{array}{r} \square \\ -\ 3 \\ \hline \square \end{array}$$

❺ 9−3−2=□

$$\begin{array}{r} 9 \\ -\ 3 \\ \hline \square \end{array} \rightarrow \begin{array}{r} \square \\ -\ 2 \\ \hline \square \end{array}$$

❻ 6−3−1=□

$$\begin{array}{r} 6 \\ -\ 3 \\ \hline \square \end{array} \rightarrow \begin{array}{r} \square \\ -\ 1 \\ \hline \square \end{array}$$

❼ 5−2−2=□

$$\begin{array}{r} 5 \\ -\ 2 \\ \hline \square \end{array} \rightarrow \begin{array}{r} \square \\ -\ 2 \\ \hline \square \end{array}$$

❽ 4−2−1=□

$$\begin{array}{r} 4 \\ -\ 2 \\ \hline \square \end{array} \rightarrow \begin{array}{r} \square \\ -\ 1 \\ \hline \square \end{array}$$

정답 100쪽

| 공부한 날짜 | 맞힌 개수 | 걸린 시간 |
|---|---|---|
| 월 일 | /26 | 분 |

계산을 하세요.

❾ $7-2-3=\square$

5

2

❿ $9-4-2=\square$

⓫ $6-1-4=\square$

⓬ $6-1-3=\square$

⓭ $9-2-2=\square$

⓮ $8-1-6=\square$

⓯ $9-1-2=\square$

⓰ $9-1-1=\square$

⓱ $9-6-2=\square$

⓲ $9-5-2=\square$

⓳ $8-2-2=\square$

⓴ $9-2-6=\square$

㉑ $8-3-3=\square$

㉒ $9-1-6=\square$

㉓ $7-5-1=\square$

㉔ $3-1-1=\square$

㉕ $5-1-2=\square$

㉖ $9-2-1=\square$

# 14 덧셈과 뺄셈의 관계 알기

복습 A

주어진 식을 보고 뺄셈식 또는 덧셈식을 만들어 보세요.

❶ 52 + 2 = 54

54 − ☐ = ☐

54 − ☐ = ☐

❷ 17 + 1 = 18

18 − ☐ = ☐

18 − ☐ = ☐

❸ 75 + 4 = 79

79 − ☐ = ☐

79 − ☐ = ☐

❹ 12 + 5 = 17

17 − ☐ = ☐

17 − ☐ = ☐

❺ 34 + 5 = 39

39 − ☐ = ☐

39 − ☐ = ☐

❻ 97 − 5 = 92

92 + ☐ = ☐

5 + ☐ = ☐

❼ 16 − 2 = 14

14 + ☐ = ☐

2 + ☐ = ☐

❽ 15 − 3 = 12

12 + ☐ = ☐

3 + ☐ = ☐

❾ 49 − 1 = 48

48 + ☐ = ☐

1 + ☐ = ☐

❿ 29 − 6 = 23

23 + ☐ = ☐

6 + ☐ = ☐

정답 100쪽

| 공부한 날짜 | 맞힌 개수 | 걸린 시간 |
| --- | --- | --- |
| 월 일 | /18 | 분 |

주어진 수 카드로 뺄셈식 또는 덧셈식을 만들어 보세요.

⑪ 22 33 11

□ − □ = □

□ − □ = □

⑫ 35 23 12

□ − □ = □

□ − □ = □

⑬ 12 51 63

□ − □ = □

□ − □ = □

⑭ 89 41 48

□ − □ = □

□ − □ = □

⑮ 76 53 23

□ + □ = □

□ + □ = □

⑯ 72 93 21

□ + □ = □

□ + □ = □

⑰ 35 47 12

□ + □ = □

□ + □ = □

⑱ 13 11 24

□ + □ = □

□ + □ = □

# 01 세 수의 덧셈

복습 A

계산을 하세요.

❶ $66+1+1=\square$

$66+1=\square$, $\square+1=\square$

$$\begin{array}{r} 66 \\ +\ 1 \\ \hline \square \end{array} \rightarrow \begin{array}{r} \square \\ +\ 1 \\ \hline \square \end{array}$$

❷ $45+2+1=\square$

$45+2=\square$, $\square+1=\square$

$$\begin{array}{r} 45 \\ +\ 2 \\ \hline \square \end{array} \rightarrow \begin{array}{r} \square \\ +\ 1 \\ \hline \square \end{array}$$

❸ $27+1+1=\square$

$27+1=\square$, $\square+1=\square$

$$\begin{array}{r} 27 \\ +\ 1 \\ \hline \square \end{array} \rightarrow \begin{array}{r} \square \\ +\ 1 \\ \hline \square \end{array}$$

❹ $72+4+2=\square$

$72+4=\square$, $\square+2=\square$

$$\begin{array}{r} 72 \\ +\ 4 \\ \hline \square \end{array} \rightarrow \begin{array}{r} \square \\ +\ 2 \\ \hline \square \end{array}$$

❺ $31+4+2=\square$

$31+4=\square$, $\square+2=\square$

$$\begin{array}{r} 31 \\ +\ 4 \\ \hline \square \end{array} \rightarrow \begin{array}{r} \square \\ +\ 2 \\ \hline \square \end{array}$$

❻ $51+5+1=\square$

$51+5=\square$, $\square+1=\square$

$$\begin{array}{r} 51 \\ +\ 5 \\ \hline \square \end{array} \rightarrow \begin{array}{r} \square \\ +\ 1 \\ \hline \square \end{array}$$

❼ $96+2+1=\square$

$96+2=\square$, $\square+1=\square$

$$\begin{array}{r} 96 \\ +\ 2 \\ \hline \square \end{array} \rightarrow \begin{array}{r} \square \\ +\ 1 \\ \hline \square \end{array}$$

❽ $85+1+3=\square$

$85+1=\square$, $\square+3=\square$

$$\begin{array}{r} 85 \\ +\ 1 \\ \hline \square \end{array} \rightarrow \begin{array}{r} \square \\ +\ 3 \\ \hline \square \end{array}$$

정답 101쪽

| 공부한 날짜 | 맞힌 개수 | 걸린 시간 |
| --- | --- | --- |
| 월 일 | /26 | 분 |

계산을 하세요.

⑨ $74+3+1=$ ☐

⑩ $53+1+1=$ ☐

⑪ $81+7+1=$ ☐

⑫ $36+1+1=$ ☐

⑬ $41+1+5=$ ☐

⑭ $91+1+5=$ ☐

⑮ $55+2+1=$ ☐

⑯ $23+5+1=$ ☐

⑰ $31+1+3=$ ☐

⑱ $94+1+2=$ ☐

⑲ $22+3+1=$ ☐

⑳ $87+1+1=$ ☐

㉑ $61+6+2=$ ☐

㉒ $21+6+2=$ ☐

㉓ $93+3+3=$ ☐

㉔ $56+1+2=$ ☐

㉕ $83+5+1=$ ☐

㉖ $42+3+2=$ ☐

# 02 10이 되는 더하기

복습 A

10개가 되도록 ○를 그리세요.

❶ ●

1 + 9 = 10

❷ ● ● ● ● ● ● ●

❸ ● ● ● ● ● ● ● ● ●

❹ ● ● ● ● ● ●

❺ ● ● ●

❻ ● ● ● ● ●

❼ ● ● ● ● ● ●

❽ ● ● ● ● ● ● ● ●

❾ ● ● ● ● ●

❿ ● ●

⓫ ● ● ● ● ● ● ●

⓬ ● ● ● ●

정답 101쪽

| 공부한 날짜 | 맞힌 개수 | 걸린 시간 |
| --- | --- | --- |
| 월 일 | /30 | 분 |

□ 안에 알맞은 수를 써넣으세요.

⑬ 9 + □ = 10

⑭ 1 + □ = 10

⑮ 5 + □ = 10

⑯ 4 + □ = 10

⑰ 3 + □ = 10

⑱ 6 + □ = 10

⑲ □ + 2 = 10

⑳ □ + 8 = 10

㉑ □ + 3 = 10

㉒ □ + 9 = 10

㉓ □ + 7 = 10

㉔ □ + 1 = 10

㉕ 4 + 6 = □

㉖ 5 + 5 = □

㉗ 7 + 3 = □

㉘ 6 + 4 = □

㉙ 1 + 9 = □

㉚ 3 + 7 = □

# 03 10을 만들어 더하기

복습 A

□ 안에 알맞은 수를 써넣으세요.

❶ 7+3+1

□+1=□

합이 10이 되는 수를 먼저 더해요.

❷ 5+5+4

□+4=□

❸ 8+2+6

□+6=□

❹ 2+8+6

□+6=□

❺ 1+9+2

□+2=□

❻ 6+4+7

□+7=□

❼ 1+2+9

□+2=□

❽ 5+6+5

□+6=□

❾ 8+6+2

□+6=□

❿ 3+8+7

□+8=□

⓫ 4+3+6

□+3=□

⓬ 5+1+5

□+1=□

정답 101쪽

| 공부한 날짜 | 맞힌 개수 | 걸린 시간 |
| --- | --- | --- |
| 월 일 | /30 | 분 |

□ 안에 알맞은 수를 써넣으세요.

⑬ $9+1+8=\square$

⑭ $6+4+8=\square$

⑮ $2+8+5=\square$

⑯ $3+7+8=\square$

⑰ $8+2+4=\square$

⑱ $4+6+2=\square$

⑲ $3+7+9=\square$

⑳ $4+6+1=\square$

㉑ $8+2+5=\square$

㉒ $5+5+2=\square$

㉓ $1+9+3=\square$

㉔ $7+3+9=\square$

㉕ $2+6+8=\square$

㉖ $4+1+6=\square$

㉗ $5+4+5=\square$

㉘ $9+2+1=\square$

㉙ $1+4+9=\square$

㉚ $7+8+3=\square$

# 04 받아올림이 있는 (몇)+(몇) 복습 A

덧셈을 하세요.

❶
| | | |
|---|---|---|
| | | 9 |
| + | | 5 |
| | | |

❷
| | | |
|---|---|---|
| | | 7 |
| + | | 4 |
| | | |

❸
| | | |
|---|---|---|
| | | 7 |
| + | | 7 |
| | | |

❹
| | | |
|---|---|---|
| | | 3 |
| + | | 8 |
| | | |

❺
| | | |
|---|---|---|
| | | 9 |
| + | | 6 |
| | | |

❻
| | | |
|---|---|---|
| | | 8 |
| + | | 5 |
| | | |

❼
| | | |
|---|---|---|
| | | 9 |
| + | | 7 |
| | | |

❽
| | | |
|---|---|---|
| | | 9 |
| + | | 2 |
| | | |

❾
| | | |
|---|---|---|
| | | 7 |
| + | | 8 |
| | | |

❿
| | | |
|---|---|---|
| | | 8 |
| + | | 6 |
| | | |

⓫
| | | |
|---|---|---|
| | | 6 |
| + | | 5 |
| | | |

⓬
| | | |
|---|---|---|
| | | 8 |
| + | | 3 |
| | | |

⓭
| | | |
|---|---|---|
| | | 8 |
| + | | 8 |
| | | |

⓮
| | | |
|---|---|---|
| | | 9 |
| + | | 3 |
| | | |

⓯
| | | |
|---|---|---|
| | | 6 |
| + | | 7 |
| | | |

정답 101쪽

| 공부한 날짜 | 맞힌 개수 | 걸린 시간 |
| --- | --- | --- |
| 월 일 | /30 | 분 |

덧셈을 하세요.

⑯
$$\begin{array}{rr} & 5 \\ + & 6 \\ \hline & \end{array}$$

㉑
$$\begin{array}{rr} & 7 \\ + & 9 \\ \hline & \end{array}$$

㉖
$$\begin{array}{rr} & 2 \\ + & 9 \\ \hline & \end{array}$$

⑰
$$\begin{array}{rr} & 4 \\ + & 7 \\ \hline & \end{array}$$

㉒
$$\begin{array}{rr} & 5 \\ + & 8 \\ \hline & \end{array}$$

㉗
$$\begin{array}{rr} & 6 \\ + & 8 \\ \hline & \end{array}$$

⑱
$$\begin{array}{rr} & 9 \\ + & 9 \\ \hline & \end{array}$$

㉓
$$\begin{array}{rr} & 8 \\ + & 4 \\ \hline & \end{array}$$

㉘
$$\begin{array}{rr} & 4 \\ + & 9 \\ \hline & \end{array}$$

⑲
$$\begin{array}{rr} & 3 \\ + & 9 \\ \hline & \end{array}$$

㉔
$$\begin{array}{rr} & 8 \\ + & 9 \\ \hline & \end{array}$$

㉙
$$\begin{array}{rr} & 5 \\ + & 9 \\ \hline & \end{array}$$

⑳
$$\begin{array}{rr} & 5 \\ + & 7 \\ \hline & \end{array}$$

㉕
$$\begin{array}{rr} & 6 \\ + & 6 \\ \hline & \end{array}$$

㉚
$$\begin{array}{rr} & 4 \\ + & 8 \\ \hline & \end{array}$$

# 05 받아올림이 있는 (몇)+(몇) 복습 B

덧셈을 하세요.

❶ $7 + 5$

❷ $9 + 3$

❸ $8 + 7$

❹ $2 + 9$

❺ $7 + 8$

❻ $9 + 6$

❼ $8 + 8$

❽ $7 + 7$

❾ $6 + 7$

❿ $3 + 9$

⓫ $8 + 5$

⓬ $7 + 9$

⓭ $9 + 9$

⓮ $5 + 9$

⓯ $4 + 9$

정답 102쪽

| 공부한 날짜 | 맞힌 개수 | 걸린 시간 |
|---|---|---|
| 월 일 | /30 | 분 |

덧셈을 하세요.

⑯ $\begin{array}{r} 8 \\ +\ 9 \\ \hline \end{array}$

⑰ $\begin{array}{r} 9 \\ +\ 5 \\ \hline \end{array}$

⑱ $\begin{array}{r} 7 \\ +\ 6 \\ \hline \end{array}$

⑲ $\begin{array}{r} 5 \\ +\ 6 \\ \hline \end{array}$

⑳ $\begin{array}{r} 6 \\ +\ 6 \\ \hline \end{array}$

㉑ $\begin{array}{r} 6 \\ +\ 5 \\ \hline \end{array}$

㉒ $\begin{array}{r} 9 \\ +\ 7 \\ \hline \end{array}$

㉓ $\begin{array}{r} 4 \\ +\ 8 \\ \hline \end{array}$

㉔ $\begin{array}{r} 4 \\ +\ 7 \\ \hline \end{array}$

㉕ $\begin{array}{r} 6 \\ +\ 8 \\ \hline \end{array}$

㉖ $\begin{array}{r} 5 \\ +\ 8 \\ \hline \end{array}$

㉗ $\begin{array}{r} 8 \\ +\ 3 \\ \hline \end{array}$

㉘ $\begin{array}{r} 3 \\ +\ 8 \\ \hline \end{array}$

㉙ $\begin{array}{r} 5 \\ +\ 7 \\ \hline \end{array}$

㉚ $\begin{array}{r} 7 \\ +\ 4 \\ \hline \end{array}$

# 06 받아올림이 있는 (몇)+(몇) 복습 C

덧셈을 하세요.

❶ $6+5=\square$

$6+5=6+4+1$
$=10+1=11$

❼ $4+7=\square$

⓭ $6+9=\square$

❷ $2+9=\square$

❽ $9+3=\square$

⓮ $3+9=\square$

❸ $6+6=\square$

❾ $5+6=\square$

⓯ $7+9=\square$

❹ $4+9=\square$

❿ $9+8=\square$

⓰ $8+8=\square$

❺ $6+8=\square$

⓫ $7+8=\square$

⓱ $4+8=\square$

❻ $8+6=\square$

⓬ $3+8=\square$

⓲ $9+9=\square$

정답 102쪽

| 공부한 날짜 | 맞힌 개수 | 걸린 시간 |
| --- | --- | --- |
| 월 일 | /36 | 분 |

덧셈을 하세요.

⑲ $7+7=\square$

⑳ $7+5=\square$

㉑ $8+7=\square$

㉒ $9+7=\square$

㉓ $7+8=\square$

㉔ $4+9=\square$

㉕ $9+6=\square$

㉖ $8+9=\square$

㉗ $7+4=\square$

㉘ $8+4=\square$

㉙ $6+5=\square$

㉚ $7+9=\square$

㉛ $8+5=\square$

㉜ $7+6=\square$

㉝ $9+5=\square$

㉞ $9+4=\square$

㉟ $6+9=\square$

㊱ $8+8=\square$

# 01 세 수의 뺄셈

복습 A

계산을 하세요.

❶ $74-2-1=\square$

$74-2=\square$, $\square-1=\square$

❷ $86-1-3=\square$

$86-1=\square$, $\square-3=\square$

❸ $17-3-1=\square$

$17-3=\square$, $\square-1=\square$

❹ $95-2-2=\square$

$95-2=\square$, $\square-2=\square$

❺ $98-3-4=\square$

$98-3=\square$, $\square-4=\square$

❻ $28-3-3=\square$

$28-3=\square$, $\square-3=\square$

❼ $56-3-2=\square$

$56-3=\square$, $\square-2=\square$

❽ $68-4-2=\square$

$68-4=\square$, $\square-2=\square$

정답 103쪽

| 공부한 날짜 | 맞힌 개수 | 걸린 시간 |
|---|---|---|
| 월 일 | /26 | 분 |

계산을 하세요.

⑨ $24-1-1=$ ☐

⑩ $58-3-4=$ ☐

⑪ $28-4-2=$ ☐

⑫ $65-3-1=$ ☐

⑬ $13-1-1=$ ☐

⑭ $25-2-2=$ ☐

⑮ $63-2-1=$ ☐

⑯ $75-2-1=$ ☐

⑰ $39-4-3=$ ☐

⑱ $38-2-3=$ ☐

⑲ $46-2-1=$ ☐

⑳ $19-4-2=$ ☐

㉑ $28-2-3=$ ☐

㉒ $35-2-2=$ ☐

㉓ $57-3-2=$ ☐

㉔ $29-5-3=$ ☐

㉕ $39-2-4=$ ☐

㉖ $78-2-4=$ ☐

# 02 10에서 빼기

복습 A

그림을 보고 □ 안에 알맞은 수를 써넣으세요.

1

10 − □ = □

2
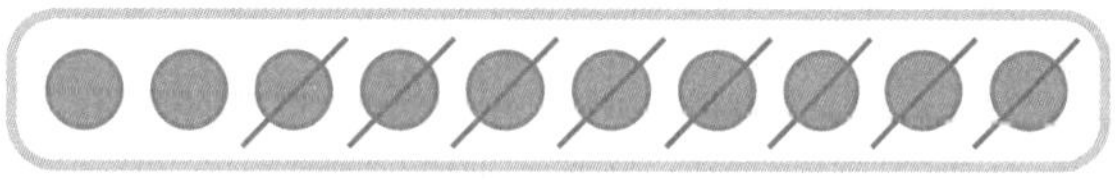

10 − □ = □

3
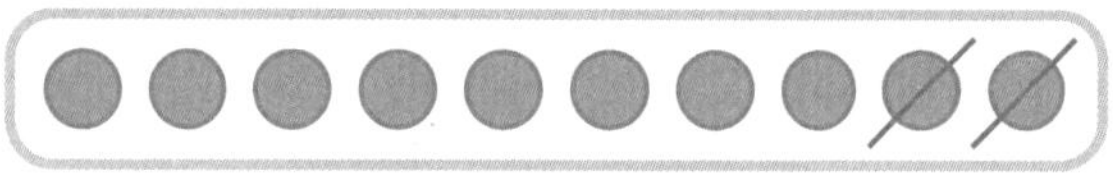

10 − □ = □

4
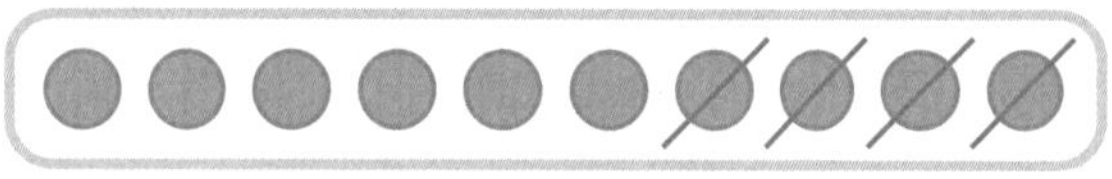

10 − □ = □

5
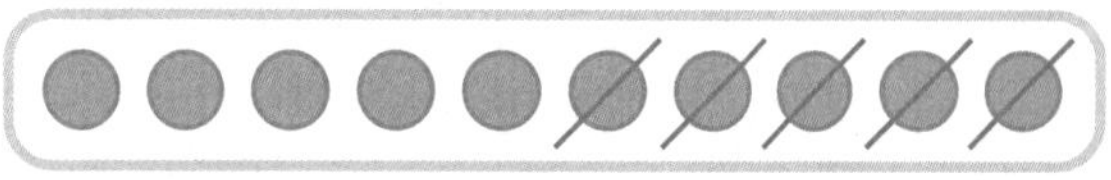

10 − □ = □

6
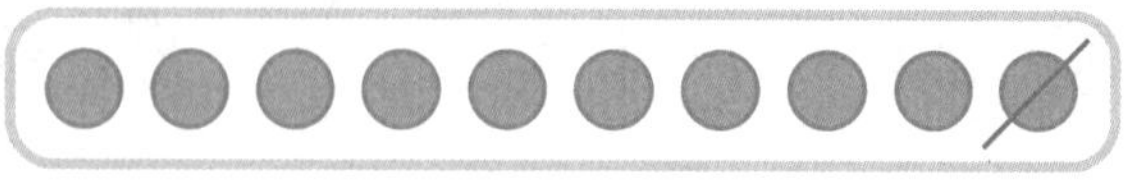

10 − □ = □

7
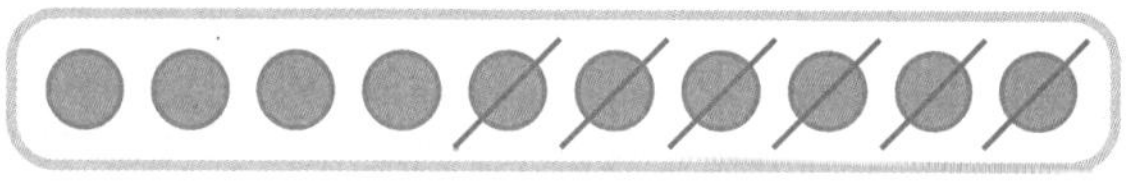

10 − □ = □

8
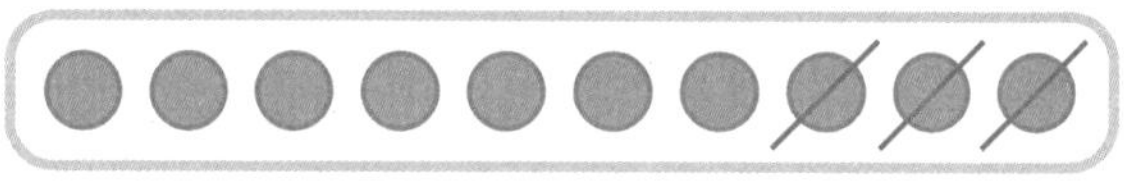

10 − □ = □

9
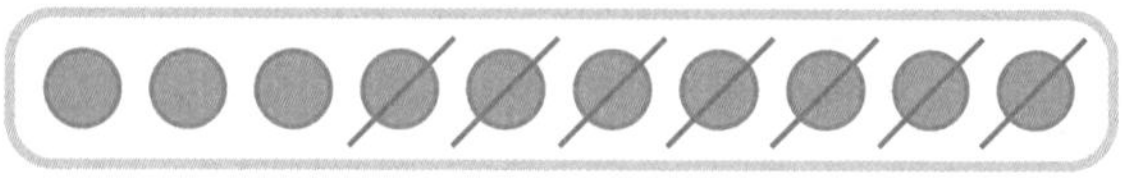

10 − □ = □

10
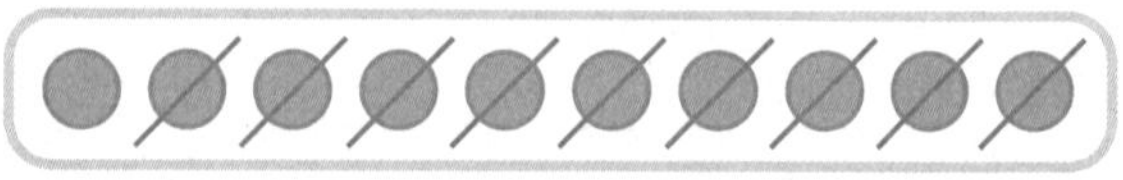

10 − □ = □

정답 103쪽

| 공부한 날짜 | 맞힌 개수 | 걸린 시간 |
| --- | --- | --- |
| 월 일 | /28 | 분 |

□ 안에 알맞은 수를 써넣으세요.

⑪ 10 − □ = 9

⑫ 10 − □ = 7

⑬ 10 − □ = 2

⑭ 10 − □ = 8

⑮ 10 − □ = 3

⑯ 10 − □ = 4

⑰ 10 − 1 = □

⑱ 10 − 5 = □

⑲ 10 − 8 = □

⑳ 10 − 6 = □

㉑ 10 − 3 = □

㉒ 10 − 7 = □

㉓ □ − 1 = 9

㉔ □ − 9 = 1

㉕ □ − 3 = 7

㉖ □ − 8 = 2

㉗ □ − 7 = 3

㉘ □ − 6 = 4

# 03 받아내림이 있는 (십몇) − (몇) 복습 A

뺄셈을 하세요.

❶
| | | |
|---|---|---|
| | 1 | 4 |
| − | | 7 |
| | | |

❷
| | | |
|---|---|---|
| | 1 | 1 |
| − | | 2 |
| | | |

❸
| | | |
|---|---|---|
| | 1 | 4 |
| − | | 9 |
| | | |

❹
| | | |
|---|---|---|
| | 1 | 1 |
| − | | 9 |
| | | |

❺
| | | |
|---|---|---|
| | 1 | 3 |
| − | | 5 |
| | | |

❻
| | | |
|---|---|---|
| | 1 | 6 |
| − | | 9 |
| | | |

❼
| | | |
|---|---|---|
| | 1 | 2 |
| − | | 3 |
| | | |

❽
| | | |
|---|---|---|
| | 1 | 5 |
| − | | 9 |
| | | |

❾
| | | |
|---|---|---|
| | 1 | 3 |
| − | | 7 |
| | | |

❿
| | | |
|---|---|---|
| | 1 | 2 |
| − | | 8 |
| | | |

⓫
| | | |
|---|---|---|
| | 1 | 2 |
| − | | 5 |
| | | |

⓬
| | | |
|---|---|---|
| | 1 | 3 |
| − | | 4 |
| | | |

⓭
| | | |
|---|---|---|
| | 1 | 1 |
| − | | 6 |
| | | |

⓮
| | | |
|---|---|---|
| | 1 | 2 |
| − | | 7 |
| | | |

⓯
| | | |
|---|---|---|
| | 1 | 8 |
| − | | 9 |
| | | |

정답 103쪽

| 공부한 날짜 | 맞힌 개수 | 걸린 시간 |
|---|---|---|
| 월 일 | /30 | 분 |

빨셈을 하세요.

⑯ $\begin{array}{r} 11 \\ -\ \ 7 \\ \hline \end{array}$

㉑ $\begin{array}{r} 16 \\ -\ \ 8 \\ \hline \end{array}$

㉖ $\begin{array}{r} 17 \\ -\ \ 8 \\ \hline \end{array}$

⑰ $\begin{array}{r} 15 \\ -\ \ 6 \\ \hline \end{array}$

㉒ $\begin{array}{r} 14 \\ -\ \ 6 \\ \hline \end{array}$

㉗ $\begin{array}{r} 11 \\ -\ \ 3 \\ \hline \end{array}$

⑱ $\begin{array}{r} 14 \\ -\ \ 5 \\ \hline \end{array}$

㉓ $\begin{array}{r} 15 \\ -\ \ 7 \\ \hline \end{array}$

㉘ $\begin{array}{r} 17 \\ -\ \ 9 \\ \hline \end{array}$

⑲ $\begin{array}{r} 13 \\ -\ \ 8 \\ \hline \end{array}$

㉔ $\begin{array}{r} 11 \\ -\ \ 8 \\ \hline \end{array}$

㉙ $\begin{array}{r} 14 \\ -\ \ 8 \\ \hline \end{array}$

⑳ $\begin{array}{r} 12 \\ -\ \ 9 \\ \hline \end{array}$

㉕ $\begin{array}{r} 13 \\ -\ \ 6 \\ \hline \end{array}$

㉚ $\begin{array}{r} 16 \\ -\ \ 7 \\ \hline \end{array}$

# 04 받아내림이 있는 (십몇) − (몇) 복습 B

뺄셈을 하세요.

❶ $\begin{array}{r} 16 \\ -\ \ 7 \\ \hline \end{array}$

❷ $\begin{array}{r} 12 \\ -\ \ 9 \\ \hline \end{array}$

❸ $\begin{array}{r} 17 \\ -\ \ 8 \\ \hline \end{array}$

❹ $\begin{array}{r} 11 \\ -\ \ 5 \\ \hline \end{array}$

❺ $\begin{array}{r} 14 \\ -\ \ 5 \\ \hline \end{array}$

❻ $\begin{array}{r} 11 \\ -\ \ 2 \\ \hline \end{array}$

❼ $\begin{array}{r} 13 \\ -\ \ 7 \\ \hline \end{array}$

❽ $\begin{array}{r} 15 \\ -\ \ 7 \\ \hline \end{array}$

❾ $\begin{array}{r} 11 \\ -\ \ 8 \\ \hline \end{array}$

❿ $\begin{array}{r} 12 \\ -\ \ 3 \\ \hline \end{array}$

⓫ $\begin{array}{r} 15 \\ -\ \ 6 \\ \hline \end{array}$

⓬ $\begin{array}{r} 13 \\ -\ \ 5 \\ \hline \end{array}$

⓭ $\begin{array}{r} 12 \\ -\ \ 4 \\ \hline \end{array}$

⓮ $\begin{array}{r} 13 \\ -\ \ 4 \\ \hline \end{array}$

⓯ $\begin{array}{r} 14 \\ -\ \ 6 \\ \hline \end{array}$

정답 103쪽

| 공부한 날짜 | 맞힌 개수 | 걸린 시간 |
| --- | --- | --- |
| 월 일 | /30 | 분 |

빨셈을 하세요.

⑯ $\begin{array}{r} 11 \\ -\ \ 9 \\ \hline \end{array}$

⑰ $\begin{array}{r} 14 \\ -\ \ 9 \\ \hline \end{array}$

⑱ $\begin{array}{r} 13 \\ -\ \ 8 \\ \hline \end{array}$

⑲ $\begin{array}{r} 17 \\ -\ \ 9 \\ \hline \end{array}$

⑳ $\begin{array}{r} 12 \\ -\ \ 8 \\ \hline \end{array}$

㉑ $\begin{array}{r} 11 \\ -\ \ 6 \\ \hline \end{array}$

㉒ $\begin{array}{r} 14 \\ -\ \ 8 \\ \hline \end{array}$

㉓ $\begin{array}{r} 11 \\ -\ \ 3 \\ \hline \end{array}$

㉔ $\begin{array}{r} 16 \\ -\ \ 9 \\ \hline \end{array}$

㉕ $\begin{array}{r} 12 \\ -\ \ 7 \\ \hline \end{array}$

㉖ $\begin{array}{r} 16 \\ -\ \ 8 \\ \hline \end{array}$

㉗ $\begin{array}{r} 12 \\ -\ \ 6 \\ \hline \end{array}$

㉘ $\begin{array}{r} 18 \\ -\ \ 9 \\ \hline \end{array}$

㉙ $\begin{array}{r} 15 \\ -\ \ 8 \\ \hline \end{array}$

㉚ $\begin{array}{r} 11 \\ -\ \ 7 \\ \hline \end{array}$

# 05 받아내림이 있는 (십몇) − (몇) 복습 C

계산을 하세요.

❶ 14 − 5
= 10 − 5 + □
= 5 + □ = □

❷ 15 − 6
= 10 − 6 + □
= 4 + □ = □

❸ 11 − 2
= 10 − 2 + □
= 8 + □ = □

❹ 11 − 5
= 10 − 5 + □
= 5 + □ = □

❺ 13 − 6
= 10 − 6 + □
= 4 + □ = □

❻ 11 − 7
= 10 − 7 + □
= 3 + □ = □

❼ 14 − 7
= 10 − 7 + □
= 3 + □ = □

❽ 13 − 8
= 10 − 8 + □
= 2 + □ = □

❾ 13 − 5
= 10 − 5 + □
= 5 + □ = □

❿ 16 − 7
= 10 − 7 + □
= 3 + □ = □

⓫ 13 − 8
= 10 − 8 + □
= 2 + □ = □

⓬ 11 − 3
= 10 − 3 + □
= 7 + □ = □

⓭ 13 − 4
= 10 − 4 + □
= 6 + □ = □

⓮ 18 − 9
= 10 − 9 + □
= 1 + □ = □

⓯ 11 − 9
= 10 − 9 + □
= 1 + □ = □

정답 104쪽

| 공부한 날짜 | 맞힌 개수 | 걸린 시간 |
|---|---|---|
| 월 일 | /33 | 분 |

빨셈을 하세요.

⑯ 13 − 4 = □

⑰ 14 − 5 = □

⑱ 11 − 4 = □

⑲ 13 − 9 = □

⑳ 16 − 8 = □

㉑ 11 − 2 = □

㉒ 11 − 8 = □

㉓ 11 − 5 = □

㉔ 16 − 7 = □

㉕ 12 − 7 = □

㉖ 13 − 7 = □

㉗ 15 − 8 = □

㉘ 16 − 9 = □

㉙ 12 − 4 = □

㉚ 15 − 6 = □

㉛ 11 − 9 = □

㉜ 13 − 6 = □

㉝ 14 − 7 = □

쌍둥이

# 최우수상

## 참 잘했어요!

이름 ______________________

위 어린이는 쌍둥이 연산 노트 1학년 2학기 과정을

스스로 꾸준히 훌륭하게 마쳤습니다.

이에 칭찬하여 이 상장을 드립니다.

년 월 일

# 정답

초등 2단계

# 1·2 복습책

## 6쪽 01 99까지의 수 알기 A

- ① 54
- ② 86
- ③ 93
- ④ 77
- ⑤ 51
- ⑥ 96
- ⑦ 74
- ⑧ 56
- ⑨ 99
- ⑩ 60

**7쪽**

- ⑪ 팔십이, 여든둘
- ⑫ 오십오, 쉰다섯
- ⑬ 팔십구, 여든아홉
- ⑭ 구십칠, 아흔일곱
- ⑮ 육십구, 예순아홉
- ⑯ 구십사, 아흔넷
- ⑰ 칠십일, 일흔하나
- ⑱ 칠십구, 일흔아홉
- ⑲ 오십팔, 쉰여덟
- ⑳ 팔십삼, 여든셋

## 8쪽 02 100까지의 수의 순서 알기 A

- ① 81, 83, 85, 87
- ② 68, 69, 70, 72
- ③ 60, 61, 63, 64
- ④ 72, 76, 79, 81
- ⑤ 86, 90, 92, 95
- ⑥ 83, 85, 87, 89

**9쪽**

- ⑦ 95, 96
- ⑧ 70, 71
- ⑨ 67, 70
- ⑩ 52, 55
- ⑪ 83, 85
- ⑫ 58, 61
- ⑬ 55, 56
- ⑭ 91, 92
- ⑮ 83, 85
- ⑯ 64, 68
- ⑰ 87, 89
- ⑱ 66, 69

## 10쪽 03 100까지의 수의 크기 비교 A

- ① <
- ② <
- ③ <
- ④ >
- ⑤ <
- ⑥ <
- ⑦ <
- ⑧ >
- ⑨ <
- ⑩ <
- ⑪ <
- ⑫ <
- ⑬ <
- ⑭ >
- ⑮ <
- ⑯ <
- ⑰ >
- ⑱ <
- ⑲ >
- ⑳ >
- ㉑ >

**11쪽**

- ㉒ 93에 ○표
- ㉓ 87에 ○표
- ㉔ 66에 ○표
- ㉕ 91에 ○표
- ㉖ 89에 ○표
- ㉗ 95에 ○표
- ㉘ 99에 ○표
- ㉙ 76에 ○표
- ㉚ 92에 ○표
- ㉛ 67에 ○표
- ㉜ 81에 ○표
- ㉝ 90에 ○표

- ㉞ 62에 △표
- ㉟ 63에 △표
- ㊱ 50에 △표
- ㊲ 64에 △표
- ㊳ 58에 △표
- ㊴ 75에 △표
- ㊵ 72에 △표
- ㊶ 58에 △표
- ㊷ 56에 △표
- ㊸ 69에 △표
- ㊹ 63에 △표
- ㊺ 55에 △표

## 12쪽 04 100까지의 수의 크기 비교 B

- ① <
- ② >
- ③ >
- ④ >
- ⑤ >
- ⑥ >
- ⑦ <
- ⑧ <
- ⑨ >
- ⑩ >
- ⑪ <
- ⑫ >
- ⑬ >
- ⑭ <
- ⑮ >
- ⑯ >
- ⑰ <
- ⑱ >
- ⑲ <
- ⑳ <
- ㉑ >

**13쪽**

- ㉒ 69에 ○표
- ㉓ 58에 ○표
- ㉔ 88에 ○표
- ㉕ 59에 ○표
- ㉖ 76에 ○표
- ㉗ 97에 ○표
- ㉘ 79에 ○표
- ㉙ 87에 ○표

- ㉚ 74에 △표
- ㉛ 63에 △표
- ㉜ 70에 △표
- ㉝ 50에 △표
- ㉞ 83에 △표
- ㉟ 91에 △표
- ㊱ 52에 △표
- ㊲ 81에 △표

### 14쪽 01 (몇십)+(몇), (몇)+(몇십) A

| | | |
|---|---|---|
| ① 22 | ⑥ 74 | ⑪ 53 |
| ② 18 | ⑦ 75 | ⑫ 43 |
| ③ 54 | ⑧ 95 | ⑬ 87 |
| ④ 39 | ⑨ 52 | ⑭ 68 |
| ⑤ 51 | ⑩ 72 | ⑮ 61 |

15쪽

| | | |
|---|---|---|
| ⑯ 48 | ㉑ 81 | ㉖ 63 |
| ⑰ 46 | ㉒ 98 | ㉗ 19 |
| ⑱ 45 | ㉓ 93 | ㉘ 71 |
| ⑲ 57 | ㉔ 35 | ㉙ 14 |
| ⑳ 17 | ㉕ 64 | ㉚ 55 |

### 16쪽 02 (몇십)+(몇), (몇)+(몇십) B

| | | |
|---|---|---|
| ① 62 | ⑥ 15 | ⑪ 23 |
| ② 41 | ⑦ 76 | ⑫ 98 |
| ③ 59 | ⑧ 86 | ⑬ 39 |
| ④ 72 | ⑨ 83 | ⑭ 35 |
| ⑤ 75 | ⑩ 92 | ⑮ 26 |

17쪽

| | | |
|---|---|---|
| ⑯ 99 | ㉑ 84 | ㉖ 21 |
| ⑰ 43 | ㉒ 67 | ㉗ 82 |
| ⑱ 37 | ㉓ 45 | ㉘ 12 |
| ⑲ 73 | ㉔ 53 | ㉙ 79 |
| ⑳ 54 | ㉕ 22 | ㉚ 42 |

### 18쪽 03 (몇십)+(몇), (몇)+(몇십) C

| | | |
|---|---|---|
| ① 64 | ⑦ 26 | ⑬ 69 |
| ② 33 | ⑧ 14 | ⑭ 48 |
| ③ 58 | ⑨ 81 | ⑮ 86 |
| ④ 82 | ⑩ 25 | ⑯ 73 |
| ⑤ 84 | ⑪ 75 | ⑰ 76 |
| ⑥ 68 | ⑫ 55 | ⑱ 37 |

19쪽

| | | |
|---|---|---|
| ⑲ 96 | ㉕ 21 | ㉛ 62 |
| ⑳ 42 | ㉖ 75 | ㉜ 56 |
| ㉑ 12 | ㉗ 29 | ㉝ 18 |
| ㉒ 23 | ㉘ 87 | ㉞ 32 |
| ㉓ 51 | ㉙ 55 | ㉟ 46 |
| ㉔ 15 | ㉚ 92 | ㊱ 73 |

### 20쪽 04 (몇십몇)+(몇), (몇)+(몇십몇) A

| | | |
|---|---|---|
| ① 57 | ⑥ 18 | ⑪ 44 |
| ② 66 | ⑦ 98 | ⑫ 75 |
| ③ 44 | ⑧ 16 | ⑬ 16 |
| ④ 37 | ⑨ 85 | ⑭ 57 |
| ⑤ 25 | ⑩ 75 | ⑮ 65 |

21쪽

| | | |
|---|---|---|
| ⑯ 76 | ㉑ 58 | ㉖ 89 |
| ⑰ 96 | ㉒ 16 | ㉗ 46 |
| ⑱ 88 | ㉓ 29 | ㉘ 89 |
| ⑲ 96 | ㉔ 87 | ㉙ 69 |
| ⑳ 78 | ㉕ 68 | ㉚ 38 |

## 22쪽 05 (몇십몇) + (몇), (몇) + (몇십몇) B

| | | |
|---|---|---|
| ❶ 46 | ❻ 38 | ⓫ 87 |
| ❷ 57 | ❼ 78 | ⓬ 99 |
| ❸ 67 | ❽ 26 | ⓭ 75 |
| ❹ 64 | ❾ 53 | ⓮ 19 |
| ❺ 16 | ❿ 24 | ⓯ 35 |

### 23쪽

| | | |
|---|---|---|
| ⓰ 38 | ㉑ 73 | ㉖ 87 |
| ⓱ 63 | ㉒ 96 | ㉗ 47 |
| ⓲ 98 | ㉓ 19 | ㉘ 86 |
| ⓳ 59 | ㉔ 99 | ㉙ 54 |
| ⓴ 49 | ㉕ 99 | ㉚ 22 |

## 24쪽 06 (몇십몇) + (몇), (몇) + (몇십몇) C

| | | |
|---|---|---|
| ❶ 79 | ❼ 89 | ⓭ 74 |
| ❷ 29 | ❽ 36 | ⓮ 49 |
| ❸ 69 | ❾ 18 | ⓯ 58 |
| ❹ 74 | ❿ 85 | ⓰ 69 |
| ❺ 66 | ⓫ 45 | ⓱ 18 |
| ❻ 67 | ⓬ 47 | ⓲ 94 |

### 25쪽

| | | |
|---|---|---|
| ⓳ 15 | ㉕ 79 | ㉛ 77 |
| ⓴ 85 | ㉖ 29 | ㉜ 89 |
| ㉑ 68 | ㉗ 13 | ㉝ 39 |
| ㉒ 37 | ㉘ 66 | ㉞ 77 |
| ㉓ 48 | ㉙ 17 | ㉟ 49 |
| ㉔ 48 | ㉚ 36 | ㊱ 69 |

## 26쪽 07 (몇십) + (몇십) A

| | | |
|---|---|---|
| ❶ 50 | ❻ 80 | ⓫ 80 |
| ❷ 90 | ❼ 80 | ⓬ 40 |
| ❸ 80 | ❽ 70 | ⓭ 90 |
| ❹ 50 | ❾ 90 | ⓮ 60 |
| ❺ 90 | ❿ 60 | ⓯ 90 |

### 27쪽

| | | |
|---|---|---|
| ⓰ 60 | ㉑ 70 | ㉖ 30 |
| ⓱ 60 | ㉒ 70 | ㉗ 90 |
| ⓲ 70 | ㉓ 90 | ㉘ 70 |
| ⓳ 40 | ㉔ 80 | ㉙ 70 |
| ⓴ 80 | ㉕ 80 | ㉚ 50 |

## 28쪽 08 (몇십) + (몇십) B

| | | |
|---|---|---|
| ❶ 90 | ❻ 80 | ⓫ 80 |
| ❷ 60 | ❼ 80 | ⓬ 80 |
| ❸ 70 | ❽ 90 | ⓭ 50 |
| ❹ 90 | ❾ 50 | ⓮ 90 |
| ❺ 40 | ❿ 30 | ⓯ 70 |

### 29쪽

| | | |
|---|---|---|
| ⓰ 60 | ㉑ 60 | ㉖ 80 |
| ⓱ 90 | ㉒ 50 | ㉗ 40 |
| ⓲ 60 | ㉓ 70 | ㉘ 50 |
| ⓳ 70 | ㉔ 70 | ㉙ 90 |
| ⓴ 20 | ㉕ 90 | ㉚ 40 |

## 30쪽 09 (몇십)+(몇십) C

| | | |
|---|---|---|
| ① 90 | ⑦ 50 | ⑬ 80 |
| ② 70 | ⑧ 90 | ⑭ 60 |
| ③ 40 | ⑨ 70 | ⑮ 70 |
| ④ 90 | ⑩ 90 | ⑯ 90 |
| ⑤ 30 | ⑪ 60 | ⑰ 90 |
| ⑥ 40 | ⑫ 70 | ⑱ 80 |

**31쪽**

| | | |
|---|---|---|
| ⑲ 70 | ㉕ 50 | ㉛ 20 |
| ⑳ 40 | ㉖ 60 | ㉜ 80 |
| ㉑ 90 | ㉗ 60 | ㉝ 80 |
| ㉒ 70 | ㉘ 50 | ㉞ 30 |
| ㉓ 70 | ㉙ 80 | ㉟ 90 |
| ㉔ 70 | ㉚ 40 | ㊱ 70 |

## 32쪽 10 (몇십몇)+(몇십몇) A

| | | |
|---|---|---|
| ① 87 | ⑥ 63 | ⑪ 99 |
| ② 39 | ⑦ 88 | ⑫ 44 |
| ③ 84 | ⑧ 88 | ⑬ 96 |
| ④ 78 | ⑨ 85 | ⑭ 56 |
| ⑤ 99 | ⑩ 78 | ⑮ 98 |

**33쪽**

| | | |
|---|---|---|
| ⑯ 97 | ㉑ 99 | ㉖ 87 |
| ⑰ 69 | ㉒ 87 | ㉗ 59 |
| ⑱ 35 | ㉓ 88 | ㉘ 95 |
| ⑲ 99 | ㉔ 89 | ㉙ 99 |
| ⑳ 45 | ㉕ 78 | ㉚ 58 |

## 34쪽 11 (몇십몇)+(몇십몇) B

| | | |
|---|---|---|
| ① 99 | ⑥ 98 | ⑪ 56 |
| ② 46 | ⑦ 79 | ⑫ 69 |
| ③ 87 | ⑧ 39 | ⑬ 84 |
| ④ 96 | ⑨ 88 | ⑭ 55 |
| ⑤ 69 | ⑩ 96 | ⑮ 97 |

**35쪽**

| | | |
|---|---|---|
| ⑯ 86 | ㉑ 39 | ㉖ 78 |
| ⑰ 88 | ㉒ 74 | ㉗ 99 |
| ⑱ 97 | ㉓ 99 | ㉘ 28 |
| ⑲ 99 | ㉔ 99 | ㉙ 88 |
| ⑳ 98 | ㉕ 69 | ㉚ 79 |

## 36쪽 12 (몇십몇)+(몇십몇) C

| | | |
|---|---|---|
| ① 57 | ⑦ 67 | ⑬ 79 |
| ② 68 | ⑧ 88 | ⑭ 77 |
| ③ 93 | ⑨ 97 | ⑮ 89 |
| ④ 99 | ⑩ 58 | ⑯ 48 |
| ⑤ 99 | ⑪ 76 | ⑰ 49 |
| ⑥ 97 | ⑫ 98 | ⑱ 69 |

**37쪽**

| | | |
|---|---|---|
| ⑲ 99 | ㉕ 68 | ㉛ 98 |
| ⑳ 77 | ㉖ 49 | ㉜ 96 |
| ㉑ 37 | ㉗ 69 | ㉝ 39 |
| ㉒ 95 | ㉘ 35 | ㉞ 88 |
| ㉓ 79 | ㉙ 49 | ㉟ 99 |
| ㉔ 87 | ㉚ 88 | ㊱ 94 |

## 38쪽 13 합이 한 자리 수인 세 수의 덧셈 A

(계산 순서대로)

❶ 4, 5, 5 / 4, 4, 5
❷ 5, 7, 7 / 5, 5, 7
❸ 5, 9, 9 / 5, 5, 9
❹ 6, 8, 8 / 6, 6, 8
❺ 2, 6, 6 / 2, 2, 6
❻ 7, 8, 8 / 7, 7, 8
❼ 3, 8, 8 / 3, 3, 8
❽ 5, 7, 7 / 5, 5, 7

## 39쪽

⑨ 7
⑩ 9
⑪ 9
⑫ 8
⑬ 7
⑭ 9
⑮ 6
⑯ 8
⑰ 6
⑱ 7
⑲ 9
⑳ 7
㉑ 3
㉒ 9
㉓ 9
㉔ 9
㉕ 5
㉖ 9

## 40쪽 01 (몇십) − (몇십) A

| | | |
|---|---|---|
| ❶ 50 | ❻ 70 | ⓫ 30 |
| ❷ 40 | ❼ 60 | ⓬ 10 |
| ❸ 40 | ❽ 10 | ⓭ 70 |
| ❹ 20 | ❾ 20 | ⓮ 10 |
| ❺ 10 | ❿ 50 | ⓯ 10 |

### 41쪽

| | | |
|---|---|---|
| ⓰ 80 | ㉑ 30 | ㉖ 40 |
| ⓱ 50 | ㉒ 10 | ㉗ 40 |
| ⓲ 40 | ㉓ 30 | ㉘ 30 |
| ⓳ 20 | ㉔ 60 | ㉙ 30 |
| ⓴ 10 | ㉕ 10 | ㉚ 30 |

## 42쪽 02 (몇십) − (몇십) B

| | | |
|---|---|---|
| ❶ 10 | ❻ 40 | ⓫ 80 |
| ❷ 50 | ❼ 60 | ⓬ 10 |
| ❸ 20 | ❽ 60 | ⓭ 40 |
| ❹ 20 | ❾ 50 | ⓮ 60 |
| ❺ 40 | ❿ 30 | ⓯ 50 |

### 43쪽

| | | |
|---|---|---|
| ⓰ 10 | ㉑ 70 | ㉖ 20 |
| ⓱ 20 | ㉒ 70 | ㉗ 50 |
| ⓲ 40 | ㉓ 10 | ㉘ 10 |
| ⓳ 10 | ㉔ 10 | ㉙ 30 |
| ⓴ 20 | ㉕ 20 | ㉚ 20 |

## 44쪽 03 (몇십) − (몇십) C

| | | |
|---|---|---|
| ❶ 40 | ❼ 70 | ⓭ 10 |
| ❷ 10 | ❽ 50 | ⓮ 10 |
| ❸ 30 | ❾ 10 | ⓯ 40 |
| ❹ 10 | ❿ 60 | ⓰ 10 |
| ❺ 50 | ⓫ 10 | ⓱ 50 |
| ❻ 30 | ⓬ 80 | ⓲ 20 |

### 45쪽

| | | |
|---|---|---|
| ⓳ 40 | ㉕ 60 | ㉛ 30 |
| ⓴ 20 | ㉖ 10 | ㉜ 40 |
| ㉑ 20 | ㉗ 60 | ㉝ 30 |
| ㉒ 70 | ㉘ 40 | ㉞ 20 |
| ㉓ 10 | ㉙ 10 | ㉟ 50 |
| ㉔ 30 | ㉚ 40 | ㊱ 10 |

## 46쪽 04 (몇십몇) − (몇) A

| | | |
|---|---|---|
| ❶ 93 | ❻ 44 | ⓫ 66 |
| ❷ 42 | ❼ 36 | ⓬ 71 |
| ❸ 71 | ❽ 14 | ⓭ 74 |
| ❹ 26 | ❾ 93 | ⓮ 86 |
| ❺ 82 | ❿ 53 | ⓯ 65 |

### 47쪽

| | | |
|---|---|---|
| ⓰ 61 | ㉑ 92 | ㉖ 41 |
| ⓱ 67 | ㉒ 14 | ㉗ 62 |
| ⓲ 55 | ㉓ 73 | ㉘ 21 |
| ⓳ 83 | ㉔ 31 | ㉙ 75 |
| ⓴ 87 | ㉕ 92 | ㉚ 52 |

## 48쪽 05 (몇십몇)－(몇) B

| | | |
|---|---|---|
| ① 22 | ⑥ 33 | ⑪ 93 |
| ② 73 | ⑦ 46 | ⑫ 61 |
| ③ 91 | ⑧ 92 | ⑬ 82 |
| ④ 34 | ⑨ 11 | ⑭ 26 |
| ⑤ 21 | ⑩ 62 | ⑮ 71 |

**49쪽**

| | | |
|---|---|---|
| ⑯ 72 | ㉑ 93 | ㉖ 33 |
| ⑰ 41 | ㉒ 92 | ㉗ 84 |
| ⑱ 21 | ㉓ 41 | ㉘ 82 |
| ⑲ 77 | ㉔ 91 | ㉙ 34 |
| ⑳ 23 | ㉕ 74 | ㉚ 35 |

## 50쪽 06 (몇십몇)－(몇) C

| | | |
|---|---|---|
| ① 23 | ⑦ 11 | ⑬ 64 |
| ② 54 | ⑧ 71 | ⑭ 25 |
| ③ 82 | ⑨ 47 | ⑮ 14 |
| ④ 31 | ⑩ 16 | ⑯ 95 |
| ⑤ 64 | ⑪ 35 | ⑰ 56 |
| ⑥ 21 | ⑫ 41 | ⑱ 82 |

**51쪽**

| | | |
|---|---|---|
| ⑲ 62 | ㉕ 74 | ㉛ 41 |
| ⑳ 53 | ㉖ 91 | ㉜ 15 |
| ㉑ 85 | ㉗ 51 | ㉝ 61 |
| ㉒ 34 | ㉘ 22 | ㉞ 87 |
| ㉓ 45 | ㉙ 41 | ㉟ 51 |
| ㉔ 23 | ㉚ 74 | ㊱ 35 |

## 52쪽 07 (몇십몇)－(몇십) A

| | | |
|---|---|---|
| ① 74 | ⑥ 11 | ⑪ 46 |
| ② 39 | ⑦ 51 | ⑫ 17 |
| ③ 11 | ⑧ 18 | ⑬ 71 |
| ④ 16 | ⑨ 28 | ⑭ 21 |
| ⑤ 26 | ⑩ 17 | ⑮ 39 |

**53쪽**

| | | |
|---|---|---|
| ⑯ 21 | ㉑ 18 | ㉖ 39 |
| ⑰ 67 | ㉒ 38 | ㉗ 44 |
| ⑱ 33 | ㉓ 11 | ㉘ 56 |
| ⑲ 46 | ㉔ 42 | ㉙ 19 |
| ⑳ 22 | ㉕ 14 | ㉚ 21 |

## 54쪽 08 (몇십몇)－(몇십) B

| | | |
|---|---|---|
| ① 41 | ⑥ 11 | ⑪ 21 |
| ② 32 | ⑦ 58 | ⑫ 41 |
| ③ 14 | ⑧ 26 | ⑬ 13 |
| ④ 37 | ⑨ 25 | ⑭ 11 |
| ⑤ 17 | ⑩ 49 | ⑮ 62 |

**55쪽**

| | | |
|---|---|---|
| ⑯ 14 | ㉑ 62 | ㉖ 18 |
| ⑰ 22 | ㉒ 47 | ㉗ 27 |
| ⑱ 23 | ㉓ 58 | ㉘ 25 |
| ⑲ 22 | ㉔ 73 | ㉙ 55 |
| ⑳ 44 | ㉕ 29 | ㉚ 47 |

## 56쪽 09 (몇십몇) − (몇십) Ⓒ

| | | |
|---|---|---|
| ① 22 | ⑦ 26 | ⑬ 43 |
| ② 23 | ⑧ 25 | ⑭ 36 |
| ③ 19 | ⑨ 32 | ⑮ 48 |
| ④ 22 | ⑩ 64 | ⑯ 15 |
| ⑤ 19 | ⑪ 28 | ⑰ 76 |
| ⑥ 27 | ⑫ 41 | ⑱ 23 |

**57쪽**

| | | |
|---|---|---|
| ⑲ 15 | ㉕ 75 | ㉛ 22 |
| ⑳ 68 | ㉖ 29 | ㉜ 27 |
| ㉑ 32 | ㉗ 18 | ㉝ 28 |
| ㉒ 23 | ㉘ 57 | ㉞ 67 |
| ㉓ 34 | ㉙ 12 | ㉟ 59 |
| ㉔ 54 | ㉚ 29 | ㊱ 72 |

## 58쪽 10 (몇십몇) − (몇십몇) Ⓐ

| | | |
|---|---|---|
| ① 13 | ⑥ 61 | ⑪ 36 |
| ② 12 | ⑦ 64 | ⑫ 22 |
| ③ 31 | ⑧ 23 | ⑬ 53 |
| ④ 14 | ⑨ 55 | ⑭ 13 |
| ⑤ 21 | ⑩ 34 | ⑮ 12 |

**59쪽**

| | | |
|---|---|---|
| ⑯ 22 | ㉑ 62 | ㉖ 35 |
| ⑰ 11 | ㉒ 56 | ㉗ 15 |
| ⑱ 11 | ㉓ 72 | ㉘ 53 |
| ⑲ 31 | ㉔ 16 | ㉙ 14 |
| ⑳ 13 | ㉕ 66 | ㉚ 33 |

## 60쪽 11 (몇십몇) − (몇십몇) Ⓑ

| | | |
|---|---|---|
| ① 32 | ⑥ 52 | ⑪ 24 |
| ② 41 | ⑦ 15 | ⑫ 11 |
| ③ 12 | ⑧ 71 | ⑬ 51 |
| ④ 15 | ⑨ 32 | ⑭ 21 |
| ⑤ 31 | ⑩ 31 | ⑮ 44 |

**61쪽**

| | | |
|---|---|---|
| ⑯ 58 | ㉑ 11 | ㉖ 22 |
| ⑰ 21 | ㉒ 21 | ㉗ 75 |
| ⑱ 21 | ㉓ 53 | ㉘ 31 |
| ⑲ 63 | ㉔ 41 | ㉙ 34 |
| ⑳ 22 | ㉕ 31 | ㉚ 41 |

## 62쪽 12 (몇십몇) − (몇십몇) Ⓒ

| | | |
|---|---|---|
| ① 44 | ⑦ 21 | ⑬ 32 |
| ② 35 | ⑧ 13 | ⑭ 11 |
| ③ 63 | ⑨ 11 | ⑮ 31 |
| ④ 12 | ⑩ 46 | ⑯ 33 |
| ⑤ 31 | ⑪ 43 | ⑰ 12 |
| ⑥ 41 | ⑫ 32 | ⑱ 27 |

**63쪽**

| | | |
|---|---|---|
| ⑲ 53 | ㉕ 10 | ㉛ 31 |
| ⑳ 22 | ㉖ 72 | ㉜ 13 |
| ㉑ 41 | ㉗ 22 | ㉝ 21 |
| ㉒ 21 | ㉘ 51 | ㉞ 46 |
| ㉓ 14 | ㉙ 47 | ㉟ 62 |
| ㉔ 16 | ㉚ 22 | ㊱ 61 |

## 64쪽 13 계산 결과가 한 자리 수인 세 수의 뺄셈 A

(계산 순서대로)

① 5, 1, 1 / 5, 5, 1
② 6, 5, 5 / 6, 6, 5
③ 2, 1, 1 / 2, 2, 1
④ 4, 1, 1 / 4, 4, 1
⑤ 6, 4, 4 / 6, 6, 4
⑥ 3, 2, 2 / 3, 3, 2
⑦ 3, 1, 1 / 3, 3, 1
⑧ 2, 1, 1 / 2, 2, 1

**65쪽**

⑨ 2
⑩ 3
⑪ 1
⑫ 2
⑬ 5
⑭ 1
⑮ 6
⑯ 7
⑰ 1
⑱ 2
⑲ 4
⑳ 1
㉑ 2
㉒ 2
㉓ 1
㉔ 1
㉕ 2
㉖ 6

## 66쪽 14 덧셈과 뺄셈의 관계 알기 A

① 52, 2 / 2, 52
② 17, 1 / 1, 17
③ 75, 4 / 4, 75
④ 12, 5 / 5, 12
⑤ 34, 5 / 5, 34
⑥ 5, 97 / 92, 97
⑦ 2, 16 / 14, 16
⑧ 3, 15 / 12, 15
⑨ 1, 49 / 48, 49
⑩ 6, 29 / 23, 29

**67쪽**

⑪ 33, 22, 11 / 33, 11, 22
⑫ 35, 23, 12 / 35, 12, 23
⑬ 63, 12, 51 / 63, 51, 12
⑭ 89, 41, 48 / 89, 48, 41
⑮ 53, 23, 76 / 23, 53, 76
⑯ 72, 21, 93 / 21, 72, 93
⑰ 35, 12, 47 / 12, 35, 47
⑱ 13, 11, 24 / 11, 13, 24

## 68쪽 01 세 수의 덧셈 A

(계산 순서대로)

❶ 67, 68, 68 / 67, 67, 68
❷ 47, 48, 48 / 47, 47, 48
❸ 28, 29, 29 / 28, 28, 29
❹ 76, 78, 78 / 76, 76, 78
❺ 35, 37, 37 / 35, 35, 37
❻ 56, 57, 57 / 56, 56, 57
❼ 98, 99, 99 / 98, 98, 99
❽ 86, 89, 89 / 86, 86, 89

### 69쪽

| | | |
|---|---|---|
| ❾ 78 | ⑮ 58 | ㉑ 69 |
| ❿ 55 | ⑯ 29 | ㉒ 29 |
| ⓫ 89 | ⑰ 35 | ㉓ 99 |
| ⓬ 38 | ⑱ 97 | ㉔ 59 |
| ⓭ 47 | ⑲ 26 | ㉕ 89 |
| ⓮ 97 | ⑳ 89 | ㉖ 47 |

## 70쪽 02 10이 되는 더하기 A

❶ ○○○○○○○○○
❷ ○○○
❸ ○
❹ ○○○○
❺ ○○○○○○○
❻ ○○○○○
❼ ○○○○
❽ ○○
❾ ○○○○○
❿ ○○○○○○○○
⓫ ○○○
⓬ ○○○○○○

### 71쪽

| | | |
|---|---|---|
| ⓭ 1 | ⑲ 8 | ㉕ 10 |
| ⓮ 9 | ⑳ 2 | ㉖ 10 |
| ⑮ 5 | ㉑ 7 | ㉗ 10 |
| ⑯ 6 | ㉒ 1 | ㉘ 10 |
| ⑰ 7 | ㉓ 3 | ㉙ 10 |
| ⑱ 4 | ㉔ 9 | ㉚ 10 |

## 72쪽 03 10을 만들어 더하기 A

| | |
|---|---|
| ❶ 10, 11 | ❼ 10, 12 |
| ❷ 10, 14 | ❽ 10, 16 |
| ❸ 10, 16 | ❾ 10, 16 |
| ❹ 10, 16 | ❿ 10, 18 |
| ❺ 10, 12 | ⓫ 10, 13 |
| ❻ 10, 17 | ⓬ 10, 11 |

### 73쪽

| | | |
|---|---|---|
| ⓭ 18 | ⑲ 19 | ㉕ 16 |
| ⓮ 18 | ⑳ 11 | ㉖ 11 |
| ⑮ 15 | ㉑ 15 | ㉗ 14 |
| ⑯ 18 | ㉒ 12 | ㉘ 12 |
| ⑰ 14 | ㉓ 13 | ㉙ 14 |
| ⑱ 12 | ㉔ 19 | ㉚ 18 |

## 74쪽 04 받아올림이 있는 (몇)+(몇) A

| | | |
|---|---|---|
| ❶ 14 | ❻ 13 | ⓫ 11 |
| ❷ 11 | ❼ 16 | ⓬ 11 |
| ❸ 14 | ❽ 11 | ⓭ 16 |
| ❹ 11 | ❾ 15 | ⓮ 12 |
| ❺ 15 | ❿ 14 | ⑮ 13 |

### 75쪽

| | | |
|---|---|---|
| ⑯ 11 | ㉑ 16 | ㉖ 11 |
| ⑰ 11 | ㉒ 13 | ㉗ 14 |
| ⑱ 18 | ㉓ 12 | ㉘ 13 |
| ⑲ 12 | ㉔ 17 | ㉙ 14 |
| ⑳ 12 | ㉕ 12 | ㉚ 12 |

## 76쪽 05 받아올림이 있는 (몇)+(몇) B

| | | |
|---|---|---|
| ❶ 12 | ❻ 15 | ⓫ 13 |
| ❷ 12 | ❼ 16 | ⓬ 16 |
| ❸ 15 | ❽ 14 | ⓭ 18 |
| ❹ 11 | ❾ 13 | ⓮ 14 |
| ❺ 15 | ❿ 12 | ⓯ 13 |

### 77쪽

| | | |
|---|---|---|
| ⓰ 17 | 21 11 | 26 13 |
| ⓱ 14 | 22 16 | 27 11 |
| ⓲ 13 | 23 12 | 28 11 |
| ⓳ 11 | 24 11 | 29 12 |
| ⓴ 12 | 25 14 | 30 11 |

## 78쪽 06 받아올림이 있는 (몇)+(몇) C

| | | |
|---|---|---|
| ❶ 11 | ❼ 11 | ⓭ 15 |
| ❷ 11 | ❽ 12 | ⓮ 12 |
| ❸ 12 | ❾ 11 | ⓯ 16 |
| ❹ 13 | ❿ 17 | ⓰ 16 |
| ❺ 14 | ⓫ 15 | ⓱ 12 |
| ❻ 14 | ⓬ 11 | ⓲ 18 |

### 79쪽

| | | |
|---|---|---|
| ⓳ 14 | 25 15 | 31 13 |
| ⓴ 12 | 26 17 | 32 13 |
| 21 15 | 27 11 | 33 14 |
| 22 16 | 28 12 | 34 13 |
| 23 15 | 29 11 | 35 15 |
| 24 13 | 30 16 | 36 16 |

## 80쪽 01 세 수의 뺄셈 (A)

(계산 순서대로)

| | |
|---|---|
| ① 72, 71, 71 / 72, 72, 71 | ⑤ 95, 91, 91 / 95, 95, 91 |
| ② 85, 82, 82 / 85, 85, 82 | ⑥ 25, 22, 22 / 25, 25, 22 |
| ③ 14, 13, 13 / 14, 14, 13 | ⑦ 53, 51, 51 / 53, 53, 51 |
| ④ 93, 91, 91 / 93, 93, 91 | ⑧ 64, 62, 62 / 64, 64, 62 |

### 81쪽

| | | |
|---|---|---|
| ⑨ 22 | ⑮ 60 | ㉑ 23 |
| ⑩ 51 | ⑯ 72 | ㉒ 31 |
| ⑪ 22 | ⑰ 32 | ㉓ 52 |
| ⑫ 61 | ⑱ 33 | ㉔ 21 |
| ⑬ 11 | ⑲ 43 | ㉕ 33 |
| ⑭ 21 | ⑳ 13 | ㉖ 72 |

## 82쪽 02 10에서 빼기 (A)

| | |
|---|---|
| ① 4, 6 | ⑥ 1, 9 |
| ② 8, 2 | ⑦ 6, 4 |
| ③ 2, 8 | ⑧ 3, 7 |
| ④ 4, 6 | ⑨ 7, 3 |
| ⑤ 5, 5 | ⑩ 9, 1 |

### 83쪽

| | | |
|---|---|---|
| ⑪ 1 | ⑰ 9 | ㉓ 10 |
| ⑫ 3 | ⑱ 5 | ㉔ 10 |
| ⑬ 8 | ⑲ 2 | ㉕ 10 |
| ⑭ 2 | ⑳ 4 | ㉖ 10 |
| ⑮ 7 | ㉑ 7 | ㉗ 10 |
| ⑯ 6 | ㉒ 3 | ㉘ 10 |

## 84쪽 03 받아내림이 있는 (십몇) − (몇) (A)

| | | |
|---|---|---|
| ① 7 | ⑥ 7 | ⑪ 7 |
| ② 9 | ⑦ 9 | ⑫ 9 |
| ③ 5 | ⑧ 6 | ⑬ 5 |
| ④ 2 | ⑨ 6 | ⑭ 5 |
| ⑤ 8 | ⑩ 4 | ⑮ 9 |

### 85쪽

| | | |
|---|---|---|
| ⑯ 4 | ㉑ 8 | ㉖ 9 |
| ⑰ 9 | ㉒ 8 | ㉗ 8 |
| ⑱ 9 | ㉓ 8 | ㉘ 8 |
| ⑲ 5 | ㉔ 3 | ㉙ 6 |
| ⑳ 3 | ㉕ 7 | ㉚ 9 |

## 86쪽 04 받아내림이 있는 (십몇) − (몇) (B)

| | | |
|---|---|---|
| ① 9 | ⑥ 9 | ⑪ 9 |
| ② 3 | ⑦ 6 | ⑫ 8 |
| ③ 9 | ⑧ 8 | ⑬ 8 |
| ④ 6 | ⑨ 3 | ⑭ 9 |
| ⑤ 9 | ⑩ 9 | ⑮ 8 |

### 87쪽

| | | |
|---|---|---|
| ⑯ 2 | ㉑ 5 | ㉖ 8 |
| ⑰ 5 | ㉒ 6 | ㉗ 6 |
| ⑱ 5 | ㉓ 8 | ㉘ 9 |
| ⑲ 8 | ㉔ 7 | ㉙ 7 |
| ⑳ 4 | ㉕ 5 | ㉚ 4 |

## 88쪽 05 받아내림이 있는 (십몇) − (몇) C

| | | |
|---|---|---|
| ❶ 4, 4, 9 | ❻ 1, 1, 4 | ⓫ 3, 3, 5 |
| ❷ 5, 5, 9 | ❼ 4, 4, 7 | ⓬ 1, 1, 8 |
| ❸ 1, 1, 9 | ❽ 3, 3, 5 | ⓭ 3, 3, 9 |
| ❹ 1, 1, 6 | ❾ 3, 3, 8 | ⓮ 8, 8, 9 |
| ❺ 3, 3, 7 | ❿ 6, 6, 9 | ⓯ 1, 1, 2 |

## 89쪽

| | | |
|---|---|---|
| ⓰ 9 | ㉒ 3 | ㉘ 7 |
| ⓱ 9 | ㉓ 6 | ㉙ 8 |
| ⓲ 7 | ㉔ 9 | ㉚ 9 |
| ⓳ 4 | ㉕ 5 | ㉛ 2 |
| ⓴ 8 | ㉖ 6 | ㉜ 7 |
| ㉑ 9 | ㉗ 7 | ㉝ 7 |

쌤과 맘이 만든

# 쌍둥이 연산노트

의 책이에요!

제 품 명: 쌍둥이 연산노트
제조자명: 이젠교육
제조국명: 대한민국
제조년월: 판권에 별도 표기
사용학년: 8세 이상

※ KC마크는 이 제품이 공통안전기준에 적합하였음을 의미합니다.

값 9,500원
63410
ISBN 979-11-90880-52-7